FORSCHUNGSBERICHTE
DES WIRTSCHAFTS- UND VERKEHRSMINISTERIUMS
NORDRHEIN-WESTFALEN

Herausgegeben von Staatssekretär Prof. Leo Brandt

Nr. 196

Dipl.-Ing. W. Rohs
Text.-Ing. H. Griese

Auswirkungen von Garnfehlern bei der Verarbeitung
von Leinengarnen

im Auftrage des
Techn.-Wissenschaftl. Büro für die Bastfaserindustrie, Bielefeld

Als Manuskript gedruckt

WESTDEUTSCHER VERLAG / KÖLN UND OPLADEN

1955

ISBN 978-3-663-03253-3   ISBN 978-3-663-04442-0 (eBook)
DOI 10.1007/978-3-663-04442-0

Forschungsberichte des Wirtschafts- und Verkehrsministeriums Nordrhein-Westfalen

G l i e d e r u n g

I. Einleitung und Aufgabenstellung . . . . S. 5

II. Versuche und Versuchsergebnisse . . . . S. 8

   1. Garne . . . . S. 8

   2. Stillstandshäufigkeiten und Wirkungsgrade in der
      Webereivorbereitung . . . . S. 9

   3. Weberei . . . . S. 14

   4. Vergleich der Ergebnisse in Spulerei und Weberei . . . . S. 18

   5. Garnqualität und Verarbeitungswirkungsgrad . . . . S. 21

   6. Erfassung der Garnunregelmäßigkeiten und deren
      Beseitigung . . . . S. 22

III. Zusammenfassung . . . . S. 24

Forschungsberichte des Wirtschafts- und Verkehrsministeriums Nordrhein-Westfalen

I. Einleitung und Aufgabenstellung

Im Gegensatz zu solchen Garnen, die aus Elementarfasern bestehen, liegen im Leinengarn Faserbündel vor, die einem gleichmäßigen Verzug in der Spinnerei im allgemeinen größere Schwierigkeiten bereiten und somit stärkere Ungleichmäßigkeiten im Garn verursachen. Diese für das Leinengarn charakteristischen Ungleichmäßigkeiten müssen - sofern sie die Weiterverarbeitung überhaupt beeinträchtigen - in Kauf genommen werden. Erst darüber hinaus sind Fehler, verursacht durch extrem dünne und dicke Garnstellen, Anspinner, Schäben und unsachgemäße Knoten bei der Verarbeitung hinderlich.

Im Rahmen einer Arbeit, deren Ergebnisse dieser Bericht enthält, sollte der Einfluß derartiger Garnfehler in ihrer Häufigkeit auf den Verarbeitungswirkungsgrad in Webereivorbereitung und Weberei untersucht und die Frage der Zweckmäßigkeit einer Garnsäuberung in der Spulerei geprüft werden.

Zunächst sei eine Übersicht über die Entstehung der genannten Unregelmässigkeiten im Leinengarn und ihre Auswirkung während der Verarbeitung gegeben:

Anspinner

Es handelt sich um Fadenverdickungen, die durch Behebung von Fadenbrüchen auf der Spinnmaschine entstehen. Sie machen sich besonders in der Weberei geltend, indem sie sich zwischen Teilschienen und Schäften während des Fachwechsels verhängen und reißen. Häufig schieben sie sich auch in den Weblitzen bzw. im Riet zusammen und gelangen zu Bruch. Letzteres erfolgt bei hohen Kett- und Schußdichten in verstärktem Maße, da hohe Dichten eine erhöhte Reibung und einen harten Blattanschlag bei zusätzlicher Bewegung der Kettfäden im Geschirr und Webblatt bedingen. Bei weniger festen Kettmaterialqualitäten können Anspinner zusätzlich die Nachbarfäden in Mitleidenschaft ziehen.

Dicke Stellen

Dadurch, daß die Garndrehung sich in erster Linie an besonders dünnen Garnstellen auswirkt, kann es vorkommen, daß dicke Garnstellen ohne oder nur mit schwacher Drehung versehen sind. Ferner ist die Entstehung dicker Stellen durch Fehler oder ungenügende Maschinenüberwachung in der Spinnerei (Faseranhäufung) möglich. Dicke Garnstellen wirken sich hauptsächlich beim Passieren enger Führungen, wie Litzen und Webblätter hinderlich aus.

Forschungsberichte des Wirtschafts- und Verkehrsministeriums Nordrhein-Westfalen

Knoten

Sie entstehen beim Haspeln und Spulen und sind in größeren Garnlängen kaum zu umgehende Unregelmäßigkeiten. Gegen einwandfrei geknotete Garnstellen, die ebenso fest und dehnbar sind wie das übrige Garn, ist nichts einzuwenden. Knoten dieser Art sind der weiteren Verarbeitung nicht hinderlich, und es wird auch das Aussehen der fertigen Ware hierdurch kaum beeinträchtigt. Anders liegen die Verhältnisse bei solchen Knoten, die infolge ihrer Größe, Härte und den meist verbliebenen langen Fadenenden bei der Verarbeitung große Schwierigkeiten verursachen. Es kommt immer wieder vor, daß in der Haspelei während des Windens von Spinnspulen auf Garnsträhne und in der Kreuzspulerei während des Umspulens von Strähnen auf Kreuzspulen aus Bequemlichkeitsgründen oder mangels genügender Einweisung der Hasplerinnen derartige Knoten, sogenannte Hundsknoten, angewandt werden, die beim Weben in den Litzen und Blattlücken hängen bleiben und infolge geringerer Haltbarkeit brechen. Der normale Weberknoten, der sich nach einiger Übung schnell und leicht herstellen läßt, hat eine solche Form, daß er beim Weben Nebenfäden nicht behindert und auch durch den Blattanschlag nicht gelöst wird.

Schäben

Holz- und Rindenteile des Flachsstengels, sogenannte Schäben, verbleiben auf der Faser bei deren nicht ausreichendem Ausarbeiten (Ausschwingen) meist als Folge von Unterröste. Auch diese Garnunregelmäßigkeiten können einzelne Arbeitsprozesse in der Weiterverarbeitung unliebsam beeinträchtigen.

Dünne Stellen

An besonders dünnen Garnstellen (spitzes Garn) genügt vielfach selbst ein Übermaß der dem Garn zuteil werdenden Drehung nicht (siehe unter "dicke Stellen"), um die Widerstandsfähigkeit bei Beanspruchungen soweit zu steigern, daß es bei der Verarbeitung nicht gefährdet wird. Dünne Garnstellen gelangen bei hohen Verarbeitungsspannungen zum Bruch.

Abbildung 1 zeigt einige markante Beispiele der aufgezählten Garnunregelmäßigkeiten.

Außer Anspinnern, dicken Garnstellen, unsachgemäßen Knoten, einigen sehr krassen Beispielen von Schäben, worunter sich in zwei Fällen auch Verunreinigungen durch Unkraut befinden, und dünnen Garnstellen, ist in der

Forschungsberichte des Wirtschafts- und Verkehrsministeriums Nordrhein-Westfalen

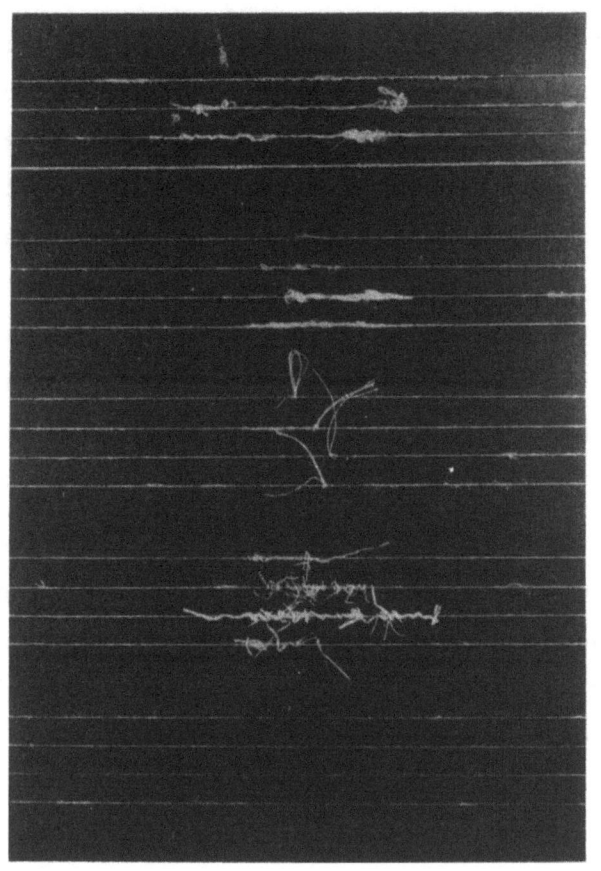

Anspinner und Doppelfaden

Dicke Stellen

Knoten

Schäben

Dünne Stellen

A b b i l d u n g 1
Garnunregelmäßigkeiten und Verunreinigungen

Gruppe der Anspinner noch ein Doppelfaden abgebildet, eine Erscheinung, auf die später noch kurz eingegangen wird.

Die Auswirkung von Garnunregelmäßigkeiten tritt in den einzelnen Verarbeitungsabteilungen wie Spulerei, Zettelei, Schlichterei und Weberei unterschiedlich ein, so daß die Wirkungsgrade der aufgeführten Abteilungen verschieden stark beeinflußt werden. Während bei einem auftretenden Fadenbruch in der Spulerei nur die betreffende Spulstelle ruht, kommt beim Zetteln jeweils die Gesamtfadenzahl einer Zettelwalze zum Stillstand. Noch ungünstiger werden die Verhältnisse beim Schlichten, da hier bei Fadenbruch die Gesamtzahl der Zettelbäume, die zur Kettbaumherstellung erforderlich ist, zum Ruhen kommt oder zumindest auf Langsamgang geschaltet werden muß. Auch in der Weberei ist bei einem Kettfadenbruch der Produktionsausfall hoch, da auch in diesem Falle die gesamte Kette für die Dauer der Fadenbruchbehebung zum Stillstand gelangt. Zudem können bei Verarbeitung geringerer Garnqualitäten in der Kette durch den Bruch eines Kettfadens die Nachbarkettfäden mit zerstört werden und somit verlängerte

Forschungsberichte des Wirtschafts- und Verkehrsministeriums Nordrhein-Westfalen

Stillstände eintreten. Deshalb ist offensichtlich am rationellsten, Garnunregelmäßigkeiten im Garn bereits beim Spulprozeß auszumerzen, umsomehr, als Fadenbrüche auf der Spulmaschine am schnellsten zu beheben sind. Je intensiver die Garnreinigung beim Spulen durchgeführt wird, desto weniger Stillstände treten beim Zetteln, Schlichten und vor allen Dingen beim Weben auf, und desto günstiger liegen die Wirkungsgradwerte in diesen Abteilungen. Gleichzeitig wird durch eine gute Säuberung der Garne die Qualität des Enderzeugnisses beträchtlich gehoben und auch der Ausfall der Gewebekanten durch Fortfall von Kanteneinzügen, die infolge Störungen im gleichmäßigen Schußfadenablauf entstehen können, verbessert.

Die Forderung der Fadenreinigung in der Spulerei mag geradezu eine Selbstverständlichkeit sein. In der Praxis finden sich jedoch noch Betriebe, die der Fadenreinigung untergeordnete Bedeutung beimessen, mit dem Ergebnis niedrig liegender Wirkungsgrade und eines Warenausfalls, der den Forderungen der Käufer nicht voll entspricht.

II. Versuche und Versuchsergebnisse

Um den Einfluß der Garnunregelmäßigkeiten auf die Weiterverarbeitung zu erfassen und die Vorteile der Garnreinigung in einem frühen Stadium darzustellen, wurde eine Anzahl qualitativ verschiedener Garne der Verarbeitung in der Webereivorbereitung und auf dem Webstuhl zugeführt und ihre Reinigung in der Spulerei derart vorgenommen, daß die Garne nur teilweise (entsprechend einer 1/2-Reinigung) gereinigt wurden.

1. Garne

Zur Durchführung der Untersuchungen standen Flachsrohgarne Ne_L 25 der verschiedensten Garnqualitäten zur Verfügung. Insgesamt lagen fünf Garnqualitäten vor, die als Kettgarn Verwendung finden sollten (A-E), und eine weitere Garnqualität, die für den Schuß sämtlicher Ketten bestimmt war.

Diese Garne sind aus einer Anzahl bemusterter Partien qualitativ abgestuft ausgesucht worden. Tabelle 1 gibt die für die Qualitätseinstufung maßgeblichen Prüfungsresultate der Kettgarne A - E nach DIN 53 801, hinsichtlich Reißfestigkeit, ihrer Streuung und der Festigkeit am laufenden Faden wieder.

Tabelle 1

Garnbezeichnung	A	B	C	D	E
Metr. Nummer	14,6	14,8	14,9	15,4	14,7
Reißlänge km	27,8	23,1	22,2	19,3	16,7
Ungleichmäßigkeit der Festigkeit %	11,3	14,7	15,1	17,8	18,5
1o-Bruchbelastung bezogen auf Nm 1 kg	13,3	11,4	1o,6	8,5	8,o
Gesamtbeurteilung	Zw.Kette	Schw.Kette	Ia m.Kette	Mech.Kette	Ia Schuß

Eine Bewertung der für die Herstellung der Ketten verwendeten Garne A - E ergab aufgrund der festgestellten Reißlängen und 1o-Bruchbelastungen, sowie auch noch anderer Kennwerte aus der Reißprüfung, auf die nicht näher eingegangen wird, die in der letzten Zeile der Tabelle 1 angegebenen Qualitätsbezeichnungen.

2. Stillstandshäufigkeiten und Wirkungsgrade in der Webereivorbereitung

Das Spulen aller Garne erfolgte auf einer Kettspulmaschine mit unten angeordneten Haspeln, horizontalen Spindeln und Parallelwicklung auf Holzscheibenspulen, die mit gleichbleibender Fadenlaufgeschwindigkeit durch Reibung des zylindrischen Spulenkörpers auf gußeisernen Trommelscheiben angetrieben wurden. Die Maschine war mit in ihrer Weite veränderlichen Fadenreinigern versehen, die mit einer Fühlerlehre auf eine Schlitzbreite von o,53 mm, erfahrungsgemäß entsprechend einer 1/2-Reinigung bei Garn Ne_L 25 eingestellt wurden. Damit sollten bei diesem Arbeitsgang grobe Unreinigkeiten, Anspinner, Knoten und dicke Stellen ausgeschieden werden, jedoch mit Absicht nur teilweise (1/2-Reinigung), um einmal Feststellungen über das Auftreten von Garnunregelmäßigkeiten zu machen, und um weiterhin zu zeigen, in welchem Maße die Häufigkeit der festgestellten Garnunregelmäßigkeiten in der Spulerei parallel zu jener der in der Weberei aufgetretenen Fadenbrüche verläuft.

Die Garneinheiten wurden vor dem Spulen gewogen und die gespulte Garnlänge durch Umrechnung unter Zuhilfenahme der Garnnummer bestimmt. Die Spulgeschwindigkeit wurde durch Messungen ermittelt und aus ihr unter Berücksichtigung der effektiv aufgewendeten Arbeitszeit die theoretische

Spullänge errechnet. Das Verhältnis zwischen praktischer und theoretischer Spullänge ergab den Spulereiwirkungsgrad.

Die Ursachen sämtlicher Stillstände wurden protokolliert. Tabelle 2 und 3 zeigen die Ergebnisse der beim Spulen vorgenommenen Beobachtungen und ihre rechnerische Auswertung. Tabelle 2 enthält die metrische Garnnummer und die zum Spulen gekommene Garnmenge in kg. In der letzten Spalte ist die aus Garnmenge und Garnnummer errechnete Garnlänge in m aufgeführt.

Tabelle 2

Garnbezeichnung	A	B	C	D	E
Metr. Nummer	14,6	14,8	14,9	15,4	14,7
Garnmenge kg	30,75	28,32	26,73	33,39	32,49
Garnlänge m	449.000	419.000	398.000	514.000	478.000

Tabelle 3

Garnbezeichnung	A	B	C	D	E
Stillstände durch:	je 100.000 m				
Anspinner	45,5	22,0	8,8	29,2	53,8
Dicke Stellen	42,5	36,0	43,0	45,5	39,4
Knoten	7,1	5,2	3,8	5,1	14,2
Schäben	-	1,0	2,0	14,6	1,9
Dünne Stellen	16,5	13,1	13,1	26,8	23,2
Haspelhemmungen	36,5	39,2	36,5	30,8	22,7
Gerissene Fäden i.Strähn	3,6	4,5	3,3	4,3	2,5
Stillstände insgesamt	151,7	120,9	110,5	156,3	157,7
davon mit Fadenbrüchen	32,5 %	30,8 %	33,2 %	48,7 %	56,4 %
davon ohne Fadenbrüche	67,5 %	69,2 %	66,8 %	51,3 %	43,6 %
Effekt. Arbeitszeit (min)	363	339	316	471	436
Theoret. Spullänge (m)	641.000	599.000	558.000	832.000	770.000
Tatsächl. Spullänge (m)	449.000	419.000	398.000	514.000	478.000
Wirkungsgrad (%)	70	70	71	62	62

Forschungsberichte des Wirtschafts- und Verkehrsministeriums Nordrhein-Westfalen

In Tabelle 3 sind die festgestellten Stillstände aufgeteilt nach ihren Ursachen und bezogen auf 100.000 (=10^5) m Garn angegeben. Als einzelne Ursachen der Stillstände wurden unterschieden:

a) Anspinner. In diese Rubrik wurden auch zuweilen vorkommende Doppelfäden (Fäden aus doppelt eingelaufenem Vorgarn) hereingenommen.

b) Dicke Stellen.

c) Unsachgemäße Knoten aus der Haspelei.

d) Schäben.

e) Dünne Stellen.

f) Hemmungen des Haspels. Diese können verschiedene Ursachen haben, als deren häufigste Ablaufschwierigkeiten, verursacht durch Garnunregelmäßigkeiten und Verunreinigungen, wie Schäben und dergl. anzusehen sind, welchletztere die Trennung des ablaufenden Fadens von Nachbarfäden erschweren. Ferner sind Hemmungen bekannt, die durch Überspringen von Fadenlagen über den Haspelarm und Festhaken in dieser Lage entstehen. Weiterhin können verwirrte Strähne Hemmungen verursachen.

g) Gerissene Fäden im Strähn, entstanden z.B. beim Garntransport.

Erläuternd sei noch einmal gesagt, daß unter den in der obigen Aufstellung genannten "dicken" und "dünnen" Stellen nicht die natürlichen Ungleichheiten des Leinengarnes verstanden sind, die je nach Garnqualität mehr oder minder in Erscheinung treten. Diese müssen den Wirkungsgrad nicht unbedingt beeinflussen. Die "dicken" und "dünnen" Stellen, die hier gemeint sind und zum Fadenbruch führen, wurden bereits definiert. Sie sind Extreme innerhalb der allgemeinen Stärkeschwankungen im Garn.

Tabelle 3 enthält in einer weiteren Rubrik die effektive Arbeitszeit in min, die zum Spulen der einzelnen Garnpartien benötigt wurde. Die Fadengeschwindigkeit wurde durch häufiges Abweifen von Probegarnspulen unter Berücksichtigung der aufgewendeten Spulzeit mit 178 m/min festgestellt. Aus effektiver Arbeitszeit und Fadengeschwindigkeit wurde die theoretische Spullänge in m für die insgesamt 15 betriebenen Spulköpfe errechnet. Eine weitere Spalte enthält die tatsächliche Spullänge in m. Der Wirkungsgrad des Spulens ergibt sich als Verhältnis zwischen tatsächlicher und theoretischer Spullänge. Er ist in der letzten Spalte der Tabelle 3 angegeben. Die Tabellenzahlen entsprechen Rechenschiebergenauigkeit.

Forschungsberichte des Wirtschafts- und Verkehrsministeriums Nordrhein-Westfalen

Zunächst sei das Auftreten der Fadenbrüche je nach ihren Ursachen bei den einzelnen Garnen untersucht. Allgemein ist festzustellen, daß den Hauptanteil an den Stillständen die Unterbrechungen infolge Anspinner und dikker Stellen haben. Die Zahl der Stillstände durch Anspinner schwankt zwischen 8,8 und 53,8 je 1oo.ooo m. Die störenden dicken Stellen traten bei allen Garnen in etwa gleichem Prozentsatz auf (36,o - 45,5 je 1oo.ooo m). Die nächst bedeutende Position unter den Stillständen sind die Haspelhemmungen, deren Häufigkeit sich zwischen 22,7 und 39,2 je 1oo.ooo m bewegte. Dabei sei erwähnt, daß bei den Versuchen auf eine gleichmäßige Auflage der Garne auf die Spulhaspeln besonders geachtet wurde. Eindeutig fiel die Beobachtung aus, daß die Haspelhemmungen infolge Überspringens von Fadenlagen über den Haspelarmen bei kurz gepackten Garnen weniger häufig waren als bei lang gepackten (im Durchnitt rd. 11 gegen 18 je 1oo.ooo m, aus der Tabelle nicht ersichtlich). Die Zahl der Fadenbrüche durch dünne Stellen lag zwischen 13,1 und 26,8 je 1oo.ooo m. Die anderen Stillstandsursachen, Knoten, Schäben und gerissene Fäden im Strähn spielen eine untergeordnete Rolle, wobei hier die Schäben als direkte Stillstandsursachen (Hängenbleiben im Reiniger) verstanden sind. Ein Teil der von ihnen bewirkten Schwierigkeiten ist bei den Haspelhemmungen berücksichtigt. Das Garn D war auffallend schäbenreich und hatte dementsprechend als einziges 14,6 darauf bezogene Stillstände gegenüber sonst o - 2,o je 1oo.ooo m aufzuweisen.

Werden die Gesamtzahlen der in Tabelle 3 festgestellten Stillstände beim Spulen mit den in Tabelle 1 gefundenen Qualitätseinstufungen verglichen, so ist ein direkter Zusammenhang nicht erkennbar. Zwar hat das qualitativ niedrigste Garn E auch die größte Stillstandshäufigkeit. Andererseits zeigt aber das in seinen Festigkeitseigenschaften als hervorragend anzusprechende Garn A z.B. annähernd die gleiche Stillstandshäufigkeit wie die Garne D und E. Extreme Garnunregelmäßigkeiten und Fehler der Haspelerin können - wie hier zu ersehen ist - die Verarbeitung eines sonst hochwertigen Garnes sehr erschweren. Offenbar haben sich im Falle des Garns A ungünstige fabrikatorische Bedingungen oder Nachlässigkeiten in Spinnerei und Haspelei derart ausgewirkt, daß die Zahl der nachträglich zu Stillständen führenden Fehler hoch war, ohne daß gleichzeitig die physikalisch meßbaren Eigenschaften des Garns davon betroffen wurden. Diese Feststellung trifft nicht allein auf das Garn A zu. Auch beim Vergleich der anderen Garne untereinander ist - wie schon gesagt - keine

Forschungsberichte des Wirtschafts- und Verkehrsministeriums Nordrhein-Westfalen

direkte Parallelität zwischen der Gesamtfadenbruchzahl und den gemessenen Garneigenschaften feststellbar. Diese Feststellung gibt zu Überlegungen Anlaß und zeigt, wie wichtig neben einer Prüfung der Garnfestigkeit auch eine Untersuchung auf äußere Garnunregelmäßigkeiten hin ist.

Die Spulereistillstände sind über die vorgenommene Spezifizierung hinaus zweierlei Art. Es gibt solche, bei denen die betreffende Störung einen Fadenbruch verursacht und solche, bei denen die Fadenfestigkeit einen Bruch verhindert, wobei lediglich durch die Hemmung des Fadens am Reiniger oder an der Haspel ein Rutschen des Spulenkörpers auf der Trommel eintritt. In der Tabelle ist der Anteil beider Stillstandsarten prozentual zur Gesamtzahl angegeben. Hierbei wirkt sich die Garnfestigkeit aus.

Die Garne A - C haben einen Anteil der ohne Fedenbruch auftretenden Stillstände bei etwa 70 % der Gesamtzahl, während dieser Anteil bei den Garnen D und E abnimmt (rd. 50 bzw. 45 %).

Die Dauer der einzelnen Stillstände ist selbstverständlich verschieden und richtet sich zweifellos danach, ob der Stillstand mit einem Fadenbruch verbunden ist, oder ohne einen solchen beseitigt werden kann. Hier ergibt sich ein Vorteil der festeren, also qualitativ besseren Garne, der selbst ein häufigeres Auftreten der Stillstände überbrücken kann. Es kann also nicht erwartet werden, daß der Wirkungsgrad, für den die Gesamtzeitdauer der Stillstände maßgebend ist, sich mit ihrer Zahl je Garnlängeneinheit deckt. So ergibt sich z.B. zwischen dem Garn A und dem Garn E trotz etwa gleicher Stillstandshäufigkeit für das erstgenannte ein besserer Wirkungsgrad.

Die bei den Garnen A - E erzielten Spulwirkungsgrade zeigen geringe Unterschiede. Die festeren Garne A, B und C ergaben einen Wirkungsgrad von übereinstimmend 70 %, die schwächeren Garne D und E einen solchen von 62 %.

Die weitere Verarbeitung der Kettgarne erfolgte in der Schärerei zu Ketten von je 100 m Länge. Ein Schlichten der Garne wurde nicht vorgenommen, um zusätzliche Unterschiedlichkeiten zu vermeiden, andererseits, weil bei ungeschlichteten Ketten Qualitätsunterschiede in den Kettgarnen auf dem Webstuhl deutlicher hervortreten.

Fadenbrüche beim Schären der verhältnismäßig kurzen und mit mäßiger Fadengeschwindigkeit verarbeiteten Garne waren nur vereinzelt zu verzeichnen, so daß besondere Beobachtungen nicht gemacht und Schlüsse auf den Zusammenhang mit den Garnunregelmäßigkeiten und Garnqualitäten nicht gezogen werden konnten.

Beim Zetteln oder Schären auftretende Fadenbrüche können außer durch Garnunregelmäßigkeiten und geringe Festigkeiten auch durch Fehler der Spulerei bedingt sein, z.B. durch schlechte Knoten, gerissene und nicht wieder angeknotete Garnstellen und dergleichen, ein Punkt, der bei den Versuchen angesichts der dauernden Überwachung der Spulerin jedoch ausfiel. Es sei darauf hingewiesen, daß zeitweise sorgfältige Untersuchungen der Fadenbruchursachen beim Schären und Zetteln notwendig sind, um Spulfehler festzustellen und auszuschalten. Zweckmäßig ist es hierbei, die Spulen jeder Spulerin durch verschiedene Markierungen zu kennzeichnen. Damit die mit dem Schären und Zetteln beauftragten Personen möglichst auf niedrige Fadenbruchzahlen bedacht sind und der Ursache der Fadenbrüche von sich aus nachgehen, ist hier die Wahl eines zweckmäßigen Entlohnungssystems von Bedeutung.

3. Weberei

Als Versuchsgewebe wurde Bettlakenleinen mit einer Rohwarenbreite von rd. 162 cm gewebt, entsprechend einer Fertigbreite von 150 cm. Die Fadendichte in der Kette wurde mit 20 Fd/cm und im Schuß mit 19 Fd/cm gewählt.

Die verhältnismäßig hohe Dichte des Gewebes ($\frac{A^*}{\sqrt{Nm}}$ = 5,2 bzw. 4,9) wurde absichtlich herangezogen, um die Fadenbruchhäufigkeit auf dem Webstuhl zur Hervorhebung der Garnqualitätsunterschiede zu erhöhen.

Das Verweben der Garne wurde auf einem mittelschweren Unterschlagwebstuhl mit Innentritteinrichtung und Festblatt, höchste Blattbreite 180 cm, vorgenommen. Die mittlere Kurbelwellendrehzahl betrug 126 je Minute.

Die Versuche wurden hintereinander durchgeführt und die Ketten im Webstuhl angeknotet. Geschirr und Blatt blieben unverändert. Bei etwa 100 m Schärlänge wurden je Versuch rd. 80 m Ware gewebt. Alle Stillstände und ihre Ursachen wurden genau registriert.

Wie in der Vorbereitung, wurde auch in der Weberei eine relative Luftfeuchtigkeit von 60 - 65 % eingehalten.

---

*) A = Anzahl Fäden/cm

Tabelle 4

Kettgarnbezeichnung	A	B	C	D	E
Kettgarnlänge m	206.000	316.000	316.000	316.000	316.000
Schußgarnlänge m	166.000	257.000	257.000	257.000	257.000

Die in Tabelle 4 eingetragene verarbeitete Garnlänge errechnet sich für das Kettgarn aus der Schärlänge, unter Abzug von 2 m für An- und Abweben, multipliziert mit der gesamten Kettfadenzahl (3.220). Die Schußfadenlänge errechnet sich aus der Blattbreite (166,0 cm), multipliziert mit der geleisteten Schußzahl laut Zählerablesung.

Tabelle 5 enthält die bei der Verwebung beobachteten Stillstände, wiederum aufgeteilt nach ihren Ursachen und bezogen auf 100.000 m Garnlänge. Insgesamt ergibt sich eine Hauptunterteilung der Stillstände in Kettfadenbrüche, Schußfadenbrüche und anderweitige Stillstände, die nicht unmittelbar von Fadenbrüchen herrühren.

Die Kettfadenbrüche hatten folgende Ursachen:

      a) Anspinner, einschl. Doppelfäden,
      b) Dicke Stellen,
      c) Knoten,
      d) Schäben,
      e) Dünne Stellen.

Diese Garnfehler sind im einzelnen bereits beschrieben und in Abbildung 1 dargestellt. Unter sonstige Kettfadenbrüche sind hauptsächlich Störungen durch verkreuzte Fäden und durch "auslaufende" und "ankommende" Kettfäden verstanden.

Bei den Schußfadenbrüchen kommen zu den durch die Garnunregelmäßigkeiten verursachten noch die durch Hängenbleiben des Fadens im Kops und die durch auseinandergerissene Kops entstandenen dazu. Da die Zahl der Stillstände durch Schußfadenbrüche gegenüber der Störungshäufigkeit durch Kettfadenbrüche eine relativ untergeordnete Rolle spielt, wurde darauf verzichtet, sie nach Ursachen getrennt aufzuführen. Sie sind in einer Zeile der Tabelle 5 zusammengefaßt eingetragen.

Tabelle 5

Kettgarnbezeichnung	A	B	C	D	E
Kettfadenbrüche durch:	je 100.000 m				
Anspinner	69,4	34,5	14,3	41,2	98,5
Dicke Stellen	20,9	18,0	33,9	34,5	103,5
Knoten	35,4	23,8	22,8	56,6	95,2
Schäben	1,4	4,4	1,9	33,6	8,2
Dünne Stellen	7,8	4,8	4,7	7,3	7,3
Sonstige Kettfadenbrüche	4,4	2,9	-	13,9	0,6
Kettfadenbrüche insgesamt	139,3	88,4	77,6	187,1	313,3
davon mitger. Fäden (%)	4,2	12,2	17,1	16,4	27,8
Schußfadenbrüche insgesamt	9,0	7,4	4,3	8,3	3,9
Anderweitige Stillstände	0,6	6,2	8,6	9,3	13,3
Effektive Arbeitszeit (min)	1248	1724	1641	2071	2369
Theoretische Schußzahl	157.000	217.500	207.000	260.971	298.494
Tatsächliche Schußzahl	94.770	151.080	154.530	151.340	152.250
Wirkungsgrad (%)	60	70	75	58	51

Die anderweitigen, nicht infolge von Fadenbrüchen eingetretenen Stillstände beruhen auf Herausfliegen des Schützens, Austrennen des Gewebes bei Fehlern etc. Auch bei diesen relativ seltenen Stillständen wurde auf eine genaue Unterteilung in der Tabelle verzichtet.

Tabelle 5 enthält ferner die effektive Webzeit in min. Die minutliche Schußzahl wurde mit 126 U/min festgestellt. Aus der Multiplikation der beiden vorgenannten Größen ergibt sich die theoretische Schußzahl. Die tatsächliche Schußzahl ergab sich aus der Schußzählerablesung. Der Wirkungsgrad errechnet sich als Verhältnis zwischen tatsächlicher und theoretischer Schußzahl. Alle vorstehend aufgeführten Werte sind mit Rechenschiebergenauigkeit ermittelt.

Der Hauptanteil der Stillstände geht auf Kettfadenbrüche zurück. Diesen gegenüber sind die anderen Stillstände nur von geringer Bedeutung. Während der Hauptanteil der Kettfadenbrüche durch Fehler am betroffenen Faden selbst entsteht, ist ein kleinerer Teil auf das Reißen von Nachbarfäden zurückzuführen. Unterteilt nach der Ursache ergeben sich die meisten

Kettfadenbrüche durch Anspinner (zw. 14,3 und 98,5 je 1oo.ooo m) und dicke Stellen (zw. 18,o und 1o3,5), wie dies auch beim Spulen festzustellen war. Weiterhin spielen beim Weben aber auch die Knoten eine bedeutsame Rolle. Die durch sie verursachten Kettfadenbrüche hatten eine Häufigkeit zwischen 22,8 und 95,2 je 1oo.ooo m. Die anderen Ursachen traten gegenüber den vorgenannten Positionen zurück.

Betrachtet man die für die Anzahl der Gesamtstillstände repräsentative Kettfadenbruchhäufigkeit bei den einzelnen Garnen, so ergibt sich die gleiche Stufenfolge wie in der Zusammenstellung der Spulereistillstände (Tab. 3), jedoch wesentlich ausgeprägter. Sie entspricht nicht der Reihenfolge der Garne nach ihrer Festigkeit.

Wie bereits beim Spulen das Verhältnis der Stillstände mit und ohne Fadenbruch die Festigkeit des verwendeten Garnes kennzeichnete, erfolgt beim Weben das Reißen von Nachbarkettfäden in einer ziemlich klaren Abhängigkeit von der aufgrund der Festigkeit ermittelten Garnqualität. Der Prozentsatz der Brüche durch mitgerissene Fäden errechnet sich bei den einzelnen Garnen wie folgt:

$$
\begin{aligned}
A &= \text{Zwirnkette} &:& \quad 4,2\ \% \\
B &= \text{Schw. Kette} &:& \quad 12,2\ \% \\
C &= \text{Ia m. Kette} &:& \quad 17,1\ \% \\
D &= \text{Mech. Kette} &:& \quad 16,4\ \% \\
E &= \text{Ia Schuß} &:& \quad 27,8\ \%
\end{aligned}
$$

Je geringer also die Garnfestigkeit ist, desto höher liegt im allgemeinen der Anteil der mitgerissenen Nachbarfäden.

Die von den Stillständen beeinflußte Webstuhlleistung hängt somit - wie gezeigt - in einem überwiegenden Maße von der Anzahl der Fehler im Kettgarn ab. Insgesamt schwankte der Webwirkungsgrad bei den Versuchen zwischen einem Höchstwert von 75 % und einem Tiefstwert von 51 %, und zwar in der gleichen Reihenfolge wie die Kettfadenbruchhäufigkeit (siehe Tab. 5).

Werden die Webwirkungsgrade mit den Wirkungsgraden der Spulerei verglichen, so ergibt sich wiederum die Tendenz, daß die Unterschiede am Webstuhl krasser hervortreten, in beiden Fällen um einen bei dem gleichen Garn (Garn C) gefundenen Höchstwert.

Abbildung 2 zeigt graphisch die Abhängigkeit des Webstuhlwirkungsgrades von der Zahl der Stillstände, aufgetragen in der Reihenfolge der Garnfestigkeiten. Dargestellt sind die Stillstände durch direkte Kettfadenbrüche (weiße Säulen), die Stillstände durch Kettfadenbrüche infolge mitgerissener Nachbarfäden (schwarze Säulen) und die übrigen beim Weben aufgetretenen Stillstände, vorwiegend durch den Schuß (schraffierte Säulen).

Die ausschlaggebende Häufigkeit der Kettfadenbrüche ist von der Garnfestigkeit nicht unmittelbar beeinflußt, wohl aber die Häufigkeit der Stillstände durch mitgerissene Fäden. Die Zahl der Schußfadenbrüche etc. ist natürlich von der Kettgarnqualität nicht maßgeblich abhängig. Diese bereits festgestellten Erscheinungen sind im graphischen Bild erneut erkennbar.

Weiterhin in Abbildung 2 eingetragen ist der Webstuhlwirkungsgrad, dessen Abhängigkeit von der Stillstandshäufigkeit, für die die Kettfadenbruchzahl in erster Linie verantwortlich ist, deutlich erkennbar wird.

Gestrichelt ist auch der beim Spulen festgestellte Wirkungsgrad für die einzelnen Garne eingezeichnet. Die Parallelität in der Tendenz ist allerdings bei geringer ausgeprägten Unterschieden ersichtlich.

4. Vergleich der Ergebnisse in Spulerei und Weberei

Auf die Übereinstimmung der Ergebnisse für die in Spulerei und Weberei festgestellten Fadenbruchhäufigkeiten und Wirkungsgrade wurde bereits im vorigen Abschnitt hingewiesen. Es soll versucht werden, die vorhandene Parallelität noch deutlicher zu zeigen.

In Abbildung 3 wurden in Einzeldarstellungen die Kettfadenbruchhäufigkeiten durch Anspinner, dicke Garnstellen, Knoten, Schäben, dünne Garnstellen und schließlich die Zusammenfassung der vorgenannten Stillstände in Abhängigkeit von den Garnqualitäten, d.h. Garnfestigkeiten, aufgetragen. Die gestrichelten Linien, geben die Daten für die Spulerei, die ausgezogenen Linien die Daten für die Weberei wieder.

Die in der graphischen Darstellung berücksichtigten Stillstände in der Spulerei beziehen sich auf die fünf ersten Positionen der Tabelle 3, wobei die infrage kommenden Stillstände sowohl mit als ohne Fadenbruch gewertet werden. Die in Tabelle 3 weiterhin enthaltenen Positionen Hemmungen des Haspels und gerissene Fäden im Strähn wurden in die graphische

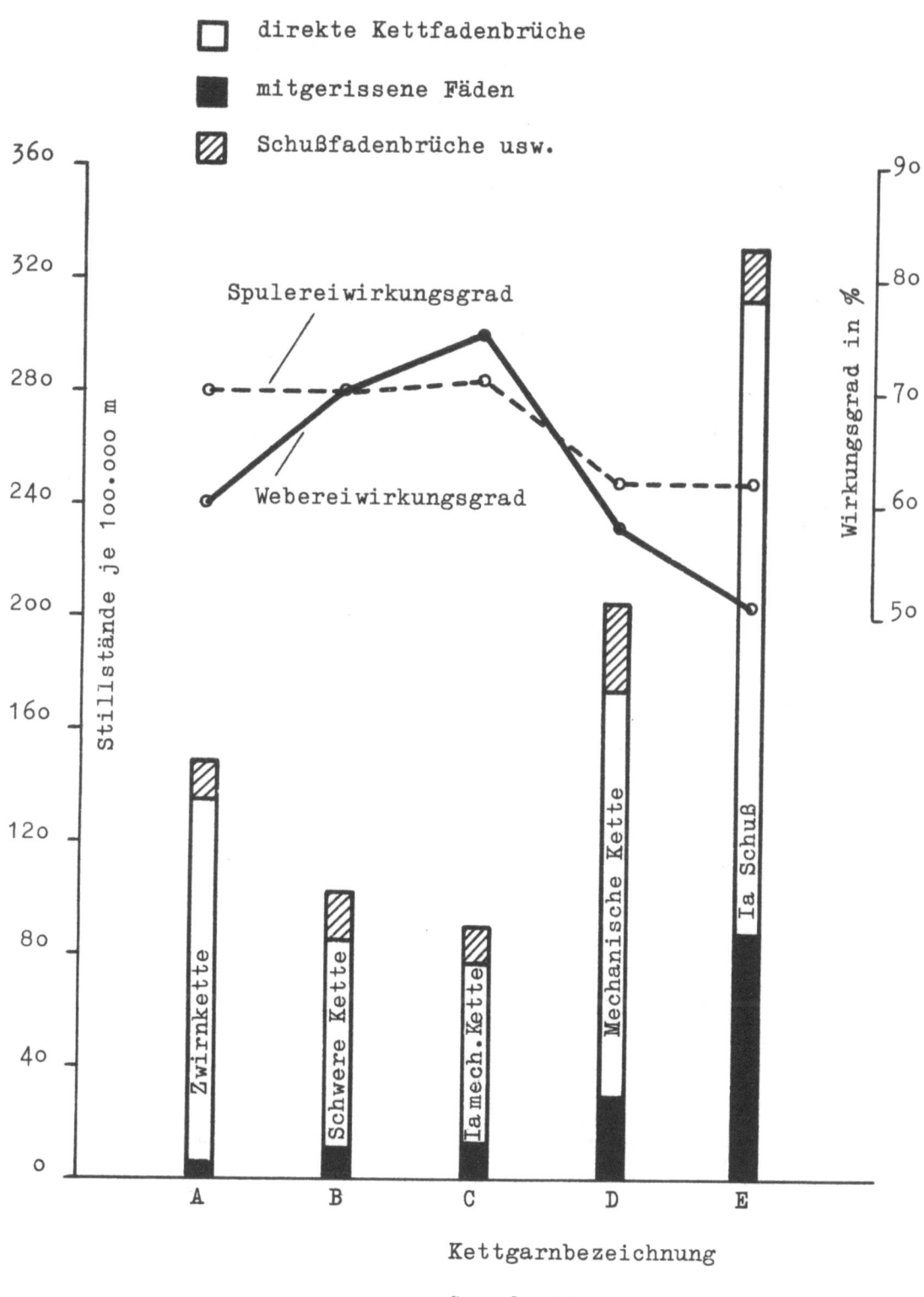

Abbildung 2
Stillstände und Wirkungsgrade in der Weberei

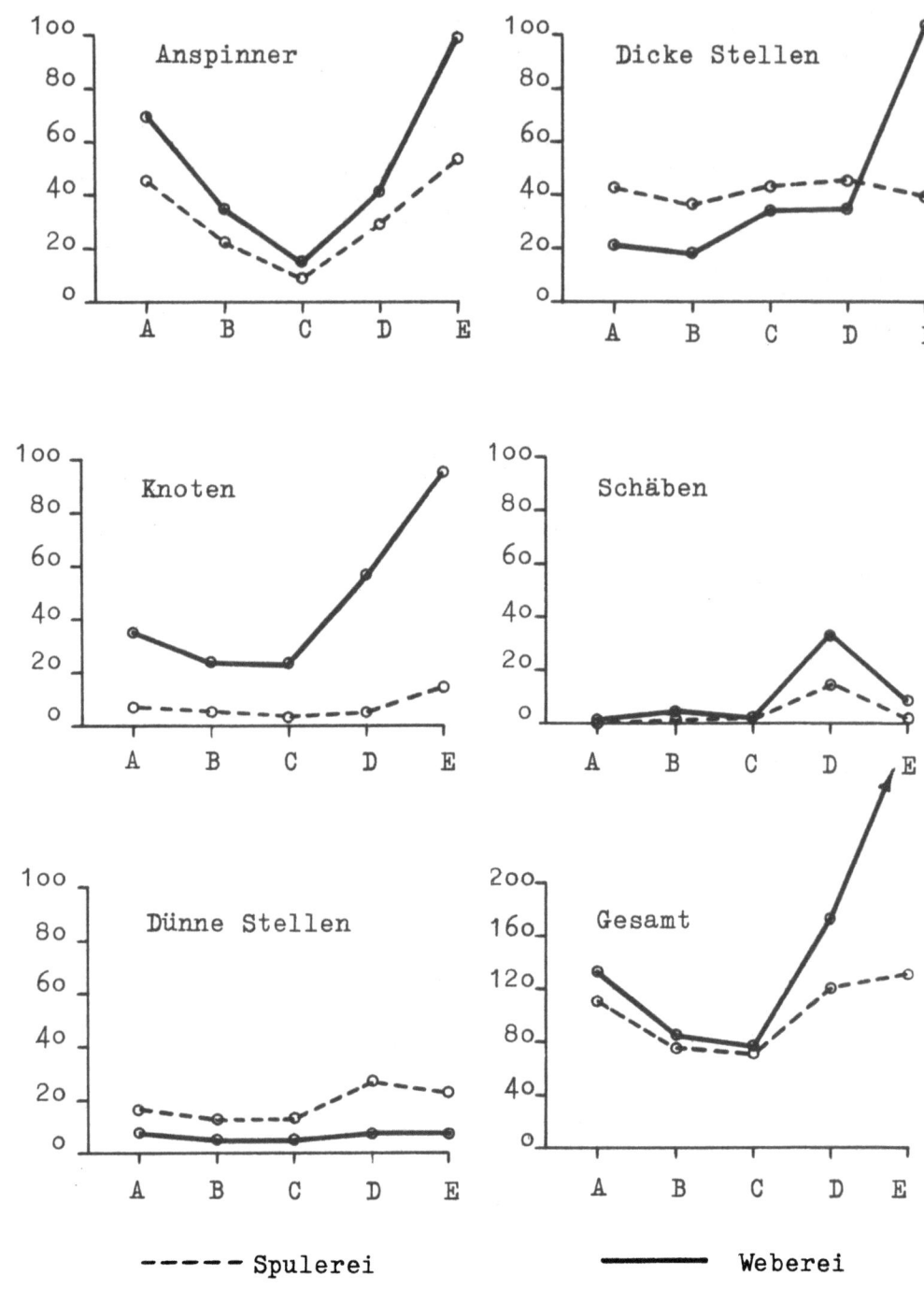

Abbildung 3
Stillstände je 10^5 m durch Kettgarnunregelmäßigkeiten

Zusammenfassung nicht einbezogen, da für sie bsondere Ursachen vorliegen. Für die Weberei sind ebenfalls nur die fünf ersten Positionen der Tabelle 5, auch hier ohne Unterschied, ob es sich um direkten Fadenbruch oder um einen mitgerissenen Faden handelt, in Abbildung 3 eingetragen.

Die graphische Darstellung zeigt deutlich, daß die Stillstandshäufigkeiten sich bei Betrachtung der einzelnen Garnqualitäten in Spulerei und Weberei parallel verhielten.

Insgesamt gesehen war die Fadenbruchhäufigkeit bei den untersuchten 1/2-gereinigten Garnen in der Weberei höher als in der Spulerei, was sich auch aus den meisten Einzeldarstellungen ergibt. Lediglich die Häufigkeit der durch dünne Stellen verursachten Stillstände war in der Spulerei bei allen Garnen höher als in der Weberei. Hier wirkt sich offenbar die beim Spulen auftretende Fadenspannung soweit aus, daß der größere Teil dieser Stellen ausgeschaltet wird. Bei den Fadenbrüchen durch dicke Garnstellen war die Tendenz nicht bei allen Garnen gleich. Im allgemeinen scheint die Reinigung soweit ausreichend intensiv gewesen zu sein, daß die Fadenbruchhäufigkeit durch dicke Garnstellen in der Weberei unter der in der Spulerei lag. Lediglich das qualitativ geringste Garn E zeigte offenbar zurückführbar auf Oberflächeneigentümlichkeiten auffällig das gegenteilige Verhalten.

5. Garnqualität und Verarbeitungswirkungsgrad

Die vorstehenden Ausführungen zeigen eindeutig, daß eine Beurteilung von Leinengarnen nach der heute üblichen Art nach Reißfestigkeit, ihrer Streuund und Prüfung am laufenden Faden (10-Bruchfestigkeit) allein nicht ausreichend ist, um auf den Verarbeitungswirkungsgrad zu schließen. Dazu gehört auch eine Untersuchung der Garne auf grobe Unregelmäßigkeiten, da diese unter Umständen noch stärker als die Garnfestigkeit die Wirkungsgrade beeinflussen können. Die übereinstimmenden Ergebnisse der Betrachtung der einzelnen Garne in Spulerei und Weberei dienen hierzu als eindeutiger Beweis. Die gleichen Garne, welche in der Spulerei die häufigeren Stillstände ergaben, wiesen auch in der Weberei die größeren Schwierigkeiten auf. Die Abstufung der Stillstandshäufigkeit entsprach in beiden Fällen der Festigkeitsreihenfolge nicht. Das qualitativ, also nach der Festigkeit an erster Stelle stehende Garn A hatte keineswegs die besten Wirkungsgrade, sondern das nach der üblichen Bewertungsmethode erst an dritter Stelle stehende Garn C. Für die Höhe des Wirkungsgrades ist in entscheidendem Maße die Zahl der Garnunregelmäßigkeiten und -verunreinigungen verantwortlich.

Ein Einfluß der Festigkeit ergab sich zwar in der Spulerei bei der Betrachtung des prozentualen Anteils der durch Fadenbrüche verursachten

Stillstände zu deren Gesamtzahl und in der Weberei bei dem prozentualen Anteil der Brüche an Nachbarkettfäden die beide mit steigender Qualität bzw. zunehmender Festigkeit abnehmen, doch macht sich dieser Einfluß nicht so stark bemerkbar, als daß ein direkter Einklang der Festigkeitsverhältnisse mit den Verarbeitungswirkungsgraden zustande kommt.

Die Annahme, daß ein Garn hoher Festigkeit, das erwartungsgemäß aus besserem Material besteht, auch dementsprechend weniger Fehlerstellen und Unreinigkeiten aufweist, darf nicht verallgemeinert werden. Erwähnt sei erneut das Beispiel des Kettgarnes A, das nach seiner Festigkeit außerordentlich gut zu bewerten war, und bei dem doch eine für diese Garnqualität überraschende Häufigkeit Anspinner und anderer Fehlerquellen den Verarbeitungswirkungsgrad stark herabsetzte.

6. Erfassung der Garnunregelmäßigkeiten und deren Beseitigung

Für die Vorausbestimmung der Verarbeitungsleistung ist die Ergänzung der heutigen Leinengarnbewertung auf die Erfassung extremer Garnregelmäßigkeiten wünschenswert. Die Verwendung der neuzeitlichen Ungleichmäßigkeitsprüfer scheiterte bisher an der von Natur aus verhältnismäßig hohen Ungleichmäßigkeit des Leinengarnes, zudem auch an der relativ geringen Prüfgeschwindigkeit und dem teilweise sehr hohen Preis der erwähnten Geräte.

Die Bemühungen, ein geeignetes Verfahren für eine schnelle und im Ergebnis wiederholbare Prüfung der Garne auf äußere Unregelmäßigkeiten zu entwickeln, gehen weiter. Heute ist wohl aufgrund der vorstehend beschriebenen Ergebnisse als einfachster Weg einer derartigen Garnprüfung das Abspulen mehrerer Garnsträhne unter Einschaltung eines geeigneten Fadenreinigers auf einer Spulmaschine mit gleichbleibender Fadengeschwindigkeit anzugeben, die den praktischen Verarbeitungsbedingungen angepaßt sein muß. Die Fadenreinigereinstellung muß je nach Nummer des zu prüfenden Garnes vorgenommen werden. Bei der Einführung dieser Prüfungsart ist es zweckmäßig, die Fadenbruchaufnahmen zunächst nicht nur in der Spulerei allein vorzunehmen, sondern auch in der Schärerei, bzw. Zettelei, Schlicherei und Weberei dasselbe Garnmaterial gleichzeitig ebenso zu untersuchen. Erst wenn das Verhältnis der Fadenbruchhäufigkeiten in den einzelnen Verarbeitungsabteilungen untereinander bekannt ist, wird es möglich sein, von den allein beim Spulen gefundenen Stillstandswerten entsprechende Schlüsse auf die Leistungsbeeinflussung in den nachfolgenden Abteilungen zu ziehen.

Forschungsberichte des Wirtschafts- und Verkehrsministeriums Nordrhein-Westfalen

Die festgestellte Abhängigkeit des Webstuhlwirkungsgrades von der Zahl der groben Unregelmäßigkeiten im Garn verlangt deren Beseitigung vor dem Verweben. Die Einschaltung von Fadenreinigern beim Spulen ist deshalb - wie schon zu Beginn dieser Arbeit angedeutet - unerläßlich. Es ist wirtschaftlicher, Fehler im Garn bereits im ersten Arbeitsgang, nämlich beim Spulen zu beseitigen, als bei jenen nachfolgenden Arbeitsgängen, bei denen im Falle eines einzelnen Fadenbruches eine Vielzahl Fäden vom Stillstand betroffen werden. Arbeitskosten und Produktionsverluste werden auf diese Weise verringert. Zudem wird die Warengüte durch eine Fadenreinigung erhöht.

Als Fadenreiniger eignen sich solche mit austauschbaren Einsätzen verschiedener Schlitzweite oder Reiniger mit einstellbarer Schlitzweite. Die erstere Ausführung besteht im wesentlichen aus zwei Teilen, dem Schlitzeinsatz und seinem Träger. Ihre Vorteile liegen vor allem darin, daß sie den zur Überwachung beauftragten Personen häufige Kontrollen auf unbefugte Verstellung der Schlitzweiten erspart. Bei Garnnummerwechsel oder Änderung des Reinigungsgrades ist allerdings ein Austausch jedes einzelnen Reinigers erforderlich. Bei Verarbeitung sehr unterschiedlicher Garnnummern ist die Lagerhaltung der Einsätze erheblich. Fadenreiniger mit veränderlicher Weite sollten nur durch Sonderwerkzeuge einstellbar sein, damit eigenmächtige Verstellungen durch die Spulerinnen ausgeschlossen sind. Die Schlitzweite der Reiniger kann z.B. an einer Noniuseinteilung abgelesen werden. Neuzeitliche Spulmaschinen sind zudem mit selbsteinfädelnden Reinigern und Bremseinrichtungen ausgestattet.

Die Fadenreiniger sollen so ausgebildet sein, daß sie das Garn nicht beschädigen. Einwandfreie Knoten (Weberknoten) sollen den Reiniger passieren, schlechte Knoten (sog. Hundsknoten) sollen zum Bruch gebracht werden. Im Reiniger hängenbleibende Verunreinigungen sollen den Faden nicht aufrauhen und festklemmen. Die Schlitzweiten sind je nach der Stärke des zu reinigenden Fadens und je nach dem angestrebten Grad der Reinigung zu wählen. Dabei ist der natürlichen Ungleichmäßigkeit des Leinengarns Rechnung zu tragen. Als Anhaltswerte mögen die in Tabelle 6 enthaltenen Zahlen dienen.

Die höheren Kosten, die mit einer Garnreinigung während des Spulens verbunden sind, machen sich durch bessere Verwebbarkeit, erhöhte Produktion und gesteigerte Warengüte bezahlt. Je dichter die herzustellenden Waren sind, desto günstiger werden die Auswirkungen einer Garnsäuberung sein.

Forschungsberichte des Wirtschafts- und Verkehrsministeriums Nordrhein-Westfalen

Tabelle 6

Garn-Nummer Ne_L	Reinigereinstellung in mm	
	1/2-Reinigung	Voll-Reinigung
20	0,550	0,500
25	0,525	0,475
30	0,500	0,450
35	0,475	0,425
40	0,450	0,400
45	0,425	0,375
50	0,400	0,350
55	0,375	0,325
60	0,350	0,300

III. Zusammenfassung

In einer Versuchsreihe wurden die Stillstandsursachen bei der Verarbeitung von Leinengarnen abgestufter Qualität in der Spulerei und Weberei erfaßt. Die Ergebnisse zeigen, daß der Verarbeitungswirkungsgrad weitgehend von der Zahl der groben Garnunregelmäßigkeiten abhängig ist und nicht in jedem Falle mit der Garnfestigkeit, die heute vorwiegend die Qualitätseinstufung beeinflußt, übereinzustimmen braucht. Auf eine praktische Möglichkeit der Prüfung von Garnen in Bezug auf äußere Unregelmäßigkeiten wird eingegangen. Eine einwandfreie Säuberung der zu verarbeitenden Kettgarne beim Spulen sichert hohe Wirkungsgrade bei Weiterverarbeitung innerhalb der Weberei und guten Warenausfall.

Dipl.-Ing. W. ROHS, Bielefeld
Text.-Ing. H. GRIESE, Bielefeld

FORSCHUNGSBERICHTE

DES WIRTSCHAFTS- UND VERKEHRSMINISTERIUMS

NORDRHEIN-WESTFALEN

Herausgegeben von Staatssekretär Prof. Leo Brandt

Heft 1:
Prof. Dr.-Ing. E. Flegler, Aachen
Untersuchungen oxydischer Ferromagnet-Werkstoffe

Heft 2:
Prof. Dr. W. Fuchs, Aachen
Untersuchungen über absatzfreie Teeröle

Heft 3:
Techn.-Wissenschaftl. Büro für die Bastfaserindustrie, Bielefeld
Untersuchungsarbeiten zur Verbesserung des Leinenwebstuhls

Heft 4:
Prof. Dr. E. A. Müller und Dipl.-Ing. H. Spitzer, Dortmund
Untersuchungen über die Hitzebelastung in Hüttebetrieben

Heft 5:
Dipl.-Ing. W. Fister, Aachen
Prüfstand der Turbinenuntersuchungen

Heft 6:
Prof. Dr. W. Fuchs, Aachen
Untersuchungen über die Zusammensetzung und Verwendbarkeit von Schwelteerfraktionen

Heft 7:
Prof. Dr. W. Fuchs, Aachen
Untersuchungen über emsländisches Petrolatum

Heft 8:
M. E. Meffert und H. Stratmann, Essen
Algen-Großkulturen im Sommer 1951

Heft 9:
Techn.-Wissenschaftl. Büro für die Bastfaserindustrie, Bielefeld
Untersuchungen über die zweckmäßige Wicklungsart von Leinengarnkreuzspulen unter Berücksichtigung der Anwendung hoher Geschwindigkeiten des Garnes
Vorversuche für Zetteln und Schären von Leinengarnen auf Hochleistungsmaschinen

Heft 10:
Prof. Dr. W. Vogel, Köln
„Das Streifenpaar" als neues System zur mechanischen Vergrößerung kleiner Verschiebungen und seine technischen Anwendungsmöglichkeiten

Heft 11:
Laboratorium für Werkzeugmaschinen und Betriebslehre, Technische Hochschule Aachen
1. Untersuchungen über Metallbearbeitung im Fräsvorgang mit Hartmetallwerkzeugen und negativem Spanwinkel
2. Weiterentwicklung des Schleifverfahrens für die Herstellung von Präzisionswerkstücken unter Vermeidung hoher Temperaturen
3. Untersuchung von Oberflächenveredlungsverfahren zur Steigerung der Belastbarkeit hochbeanspruchter Bauteile

Heft 12:
Elektrowärme-Institut, Langenberg (Rhld.)
Induktive Erwärmung mit Netzfrequenz

Heft 13:
Techn.-Wissenschaftl. Büro für die Bastfaserindustrie, Bielefeld
Das Naßspinnen von Bastfasergarnen mit chemischen Zusätzen zum Spinnbad

Heft 14:
Forschungsstelle für Acetylen, Dortmund
Untersuchungen über Aceton als Lösungsmittel für Acetylen

Heft 15:
Wäschereiforschung Krefeld
Trocknen von Wäschestoffen

Heft 16:
Max-Planck-Institut für Kohlenforschung, Mülheim a. d. Ruhr
Arbeiten des MPI für Kohlenforschung

Heft 17:
Ingenieurbüro Herbert Stein, M. Gladbach
Untersuchung der Verzugsvorgänge in den Streckwerken verschiedener Spinnereimaschinen. 1. Bericht: Vergleichende Prüfung mit verschiedenen Dickenmeßgeräten

Heft 18:
Wäschereiforschung Krefeld
Grundlagen zur Erfassung der chemischen Schädigung beim Waschen

Heft 19:
Techn.-Wissenschaftl. Büro für die Bastfaserindustrie, Bielefeld
Die Auswirkung des Schlichtens von Leinengarnketten auf den Verarbeitungswirkungsgrad, sowie die Festigkeit und Dehnungsverhältnisse der Garne und Gewebe

Heft 20:
Techn.-Wissenschaftl. Büro für die Bastfaserindustrie, Bielefeld
Trocknung von Leinengarnen I
Vorgang und Einwirkung auf die Garnqualität

Heft 21:
Techn.-Wissenschaftl. Büro für die Bastfaserindustrie, Bielefeld
Trocknung von Leinengarnen II
Spulenanordnung und Luftführung beim Trocknen von Kreuzspulen

Heft 22:
Techn.-Wissenschaftl. Büro für die Bastfaserindustrie, Bielefeld
Die Reparaturanfälligkeit von Webstühlen

Heft 23:
Institut für Starkstromtechnik, Aachen
Rechnerische und experimentelle Untersuchungen zur Kenntnis der Metadyne als Umformer von konstanter Spannung auf konstanten Strom

Heft 24:
Institut für Starkstromtechnik, Aachen
Vergleich verschiedener Generator-Metadyne-Schaltungen in bezug auf statisches Verhalten

Heft 25:
Gesellschaft für Kohlentechnik mbH., Dortmund-Eving
Struktur der Steinkohlen und Steinkohlen-Kokse

Heft 26:
Techn.-Wissenschaftl. Büro für die Bastfaserindustrie, Bielefeld
Vergleichende Untersuchungen zweier neuzeitlicher Ungleichmäßigkeitsprüfer für Bänder und Garne hinsichtlich ihrer Eignung für die Bastfaserspinnerei

Heft 27:
Prof. Dr. E. Schratz, Münster
Untersuchungen zur Rentabilität des Arzneipflanzenanbaues Römische Kamille, Anthemis nobilis L.

Heft 28:
Prof. Dr. E. Schratz, Münster
Calendula officinalis L. Studien zur Ernährung, Blütenfüllung und Rentabilität der Drogengewinnung

Heft 29:
Techn.-Wissenschaftl. Büro für die Bastfaserindustrie, Bielefeld
Die Ausnützung der Leinengarne in Geweben

Heft 30:
Gesellschaft für Kohlentechnik mbH., Dortmung-Eving
Kombinierte Entaschung und Verschwelung von Steinkohle; Aufarbeitung von Steinkohlenschlämmen zu verkokbarer oder verschwelbarer Kohle

Heft 31:
Dipl.-Ing. Störmann, Essen
Messung des Leistungsbedarfs von Doppelsteg-Kettenförderern

Heft 32:
Techn.-Wissenschaftl. Büro für die Bastfaserindustrie, Bielefeld
Der Einfluß der Natriumchloridbleiche auf Qualität und Verwebbarkeit von Leinengarnen und die Eigenschaften der Leinengewebe unter besonderer Berücksichtigung des Einsatzes von Schützen- und Spulenwechselautomaten in der Leinenweberei

Heft 33:
Kohlenstoffbiologische Forschungsstation e. V.
Eine Methode zur Bestimmung von Schwefeldioxyd und Schwefelwasserstoff in Rauchgasen und in der Atmosphäre

Heft 34:
Textilforschungsanstalt Krefeld
Quellungs- und Entquellungsvorgänge bei Faserstoffen

Heft 35:
Professor Dr. W. Kast, Krefeld
Feinstrukturuntersuchungen an künstlichen Zellulosefasern verschiedener Herstellungsverfahren

Heft 36:
Forschungsinstitut der feuerfesten Industrie, Bonn
Untersuchungen über die Trocknung von Rohton
Untersuchungen über die chemische Reinigung von Silika- und Schamotte-Rohstoffen mit chlorhaltigen Gasen

Heft 37:
Forschungsinstitut der feuerfesten Industrie, Bonn
Untersuchungen über den Einfluß der Probenvorbereitung auf die Kaltdruckfestigkeit feuerfester Steine

Heft 38:
Forschungsstelle für Acetylen, Dortmund
Untersuchungen über die Trocknung von Acetylen zur Herstellung von Dissousgas

Heft 39:
Forschungsgesellschaft Blechverarbeitung e. V., Düsseldorf
Untersuchungen an prägegemusterten und vorgelochten Blechen

Heft 40:
Landesgeologe Dr.-Ing. W. Wolff, Amt für Bodenforschung, Krefeld
Untersuchungen über die Anwendbarkeit geophysikalischer Verfahren zur Untersuchung von Spateisengängen im Siegerland

Heft 41:
Techn.-Wissenschaftl. Büro für die Bastfaserindustrie, Bielefeld
Untersuchungsarbeiten zur Verbesserung des Leinenwebstuhles II

Heft 42:
Professor Dr. B. Helferich, Bonn
Untersuchungen über Wirkstoffe — Fermente — in der Kartoffel und die Möglichkeit ihrer Verwendung

Heft 43:
Forschungsgesellschaft Blechverarbeitung e. V., Düsseldorf
Forschungsergebnisse über das Beizen von Blechen

Heft 44:
Arbeitsgemeinschaft für praktische Dehnungsmessung, Düsseldorf
Eigenschaften und Anwendungen von Dehnungsmeßstreifen

Heft 45:
Losenhausenwerk Düsseldorfer Maschinenbau AG., Düsseldort
Untersuchungen von störenden Einflüssen auf die Lastgrenzenanzeige von Dauerschwingprüfmaschinen

Heft 46:
Prof. Dr. W. Fuchs, Aachen
Untersuchungen über die Aufbereitung von Wasser für die Dampferzeugung in Benson-Kesseln

Heft 47:
Prof. Dr.-Ing. K. Krekeler, Aachen
Versuche über die Anwendung der induktiven Erwärmung zum Sintern von hochschmelzenden Metallen sowie zur Anlegierung und Vergütung von aufgespritzten Metallschichten mit dem Grundwerkstoff

Heft 48:
Max-Planck-Institut für Eisenforschung, Düsseldorf
Spektrochemische Analyse der Gefügebestandteile in Stählen nach ihrer Isolierung

Heft 49:
Max-Planck-Institut für Eisenforschung, Düsseldorf
Untersuchungen über Ablauf der Desoxydation und die Bildung von Einschlüssen in Stählen

Heft 50:
Max-Planck-Institut für Eisenforschung, Düsseldorf
Flammenspektralanalytische Untersuchung der Ferritzusammensetzung in Stählen

Heft 51:
Verein zur Förderung von Forschungs- und Entwicklungsarbeiten in der Werkzeugindustrie e. V., Remscheid
Untersuchungen an Kreissägeblättern für Holz,
Fehler- und Spannungsprüfverfahren

Heft 52:
Forschungsstelle für Azetylen, Dortmund
Untersuchungen über den Umsatz bei der explosiblen Zersetzung von Azetylen
  a) Zersetzung von gasförmigem Azetylen,
  b) Zersetzung von an Silikagel adsorbiertem Azetylen

Heft 53:
Professor Dr.-Ing. H. Opitz, Aachen
Reibwert- und Verschleißmessungen an Kunststoffgleitführungen für Werkzeugmaschinen

Heft 54:
Professor Dr.-Ing. F. A. F. Schmidt, Aachen
Schaffung von Grundlagen für die Erhöhung der spez. Leistung und Herabsetzung des spez. Brennstoffverbrauches bei Ottomotoren mit Teilbericht über Arbeiten an einem neuen Einspritzverfahren

Heft 55:
Forschungsgesellschaft Blechverarbeitung e. V., Düsseldorf
Chemisches Glänzen von Messing und Neusilber

Heft 56:
Forschungsgesellschaft Blechverarbeitung e. V., Düsseldorf
Untersuchungen über einige Probleme der Behandlung von Blechoberflächen

Heft 57:
Prof. Dr.-Ing. F. A. F. Schmidt, Aachen
Untersuchungen zur Erforschung des Einflusses des chemischen Aufbaues des Kraftstoffes auf sein Verhalten im Motor und in Brennkammern von Gasturbinen

Heft 58:
Gesellschaft für Kohlentechnik m. b. H., Dortmund
Herstellung und Untersuchung von Steinkohlenschwelteer

Heft 59:
Forschungsinstitut der Feuerfest-Industrie e. V., Bonn
Ein Schnellanalysenverfahren zur Bestimmung von Aluminiumoxyd, Eisenoxyd und Titanoxyd in feuerfestem Material mittels organischer Farbreagenzien auf photometrischem Wege
Untersuchungen des Alkali-Gehaltes feuerfester Stoffe mit dem Flammenphotometer nach Riehm-Lange

Heft 60:
Forschungsgesellschaft Blechverarbeitung e. V., Düsseldorf
Untersuchungen über das Spritzlackieren im elektrostatischen Hochspannungsfeld

Heft 61:
Verein zur Förderung von Forschungs- und Entwicklungsarbeiten in der Werkzeugindustrie e. V., Remscheid
Schwingungs- und Arbeitsverhalten von Kreissägeblättern für Holz

Heft 62:
Professor Dr. W. Franz, Institut für theoretische Physik der Universität Münster
Berechnung des elektrischen Durchschlags durch feste und flüssige Isolatoren

Heft 63:
Textilforschungsanstalt Krefeld
Neue Methoden zur Untersuchung der Wirkungsweise von Textilhilfsmitteln
Untersuchungen über Schlichtungs- und Entschlichtungsvorgänge

Heft 64:
Textilforschungsanstalt Krefeld
Die Kettenlängenverteilung von hochpolymeren Faserstoffen
Über die fraktionierte Fällung von Polyamiden

Heft 65:
Fachverband Schneidwarenindustrie, Solingen
Untersuchungen über das elektrolytische Polieren von Tafelmesserklingen aus rostfreiem Stahl

Heft 66:
Dr.-Ing. P. Füsgen VDI †, Düsseldorf
Untersuchungen über das Auftreten des Ratterns bei selbsthemmenden Schneckengetrieben und seine Verhütung

Heft 67:
Heinrich Wösthoff o. H. G., Apparatebau, Bochum
Entwicklung einer chemisch-physikalischen Apparatur zur Bestimmung kleinster Kohlenoxyd-Konzentrationen

Heft 68:
Kohlenstoffbiologische Forschungsstation e. V., Essen
Algengroßkulturen im Sommer 1952
II. Über die unsterile Großkultur von Scenedesmus obliquus

Heft 69:
Wäschereiforschung Krefeld
Bestimmung des Faserabbaues bei Leinen unter besonderer Berücksichtigung der Leinengarnbleiche

Heft 70:
Wäschereiforschung Krefeld
Trocknen von Wäschestoffen

Heft 71:
Prof. Dr.-Ing. K. Leist, Aachen
Kleingasturbinen, insbesondere zum Fahrzeugantrieb

Heft 72:
Prof. Dr.-Ing. K. Leist, Aachen
Beitrag zur Untersuchung von stehenden geraden Turbinengittern mit Hilfe von Druckverteilungsmessungen

Heft 73:
Prof. Dr.-Ing. K. Leist, Aachen
Spannungsoptische Untersuchungen von Turbinenschaufelfüßen

Heft 74:
Max-Planck-Institut für Eisenforschung, Düsseldorf
Versuche zur Klärung des Umwandlungsverhaltens eines sonderkarbidbildenden Chromstahls

Heft 75:
Max-Planck-Institut für Eisenforschung, Düsseldorf
Zeit-Temperatur-Umwandlungs-Schaubilder als Grundlage der Wärmebehandlung der Stähle

Heft 76:
Max-Planck-Institut für Arbeitsphysiologie, Dortmund
Arbeitstechnische und arbeitsphysiologische Rationalisierung von Mauersteinen

Heft 77:
Meteor Apparatebau Paul Schmeck G. m. b H., Siegen
Entwicklung von Leuchtstoffröhren hoher Leistung

Heft 78:
Forschungsstelle für Acetylen, Dortmund
Über die Zustandsgleichung des gasförmigen Acetylens und das Gleichgewicht Acetylen — Aceton

Heft 79:
Techn.-Wissenschaftl. Büro für die Bastfaserindustrie, Bielefeld
Trocknung von Leinengarnen III
Spinnspulen- und Spinnkopstrocknung
Vorgang und Einwirkung auf die Garnqualität

Heft 80:
Techn.-Wissenschaftl. Büro für die Bastfaserindustrie, Bielefeld
Die Verarbeitung von Leinengarn auf Webstühlen mit und ohne Oberbau

Heft 81:
Prüf- und Forschungsinstitut für Ziegeleierzeugnisse, Essen-Kray
Die Einführung des großformatigen Einheits-Gitterziegels im Lande Nordrhein-Westfalen

Heft 82:
Vereinigte Aluminium-Werke AG., Bonn
Forschungsarbeiten auf dem Gebiet der Veredelung von Aluminium-Oberflächen

Heft 83:
Prof. Dr. S. Strugger, Münster
Über die Struktur der Proplastiden

Heft 84:
Dr. H. Baron, Düsseldorf
Über Standardisierung von Wundtextilien

Heft 85:
Textilforschungsanstalt Krefeld
Physikalische Untersuchungen an Fasern, Fäden, Garnen und Geweben:
Untersuchungen am Knickscheuergerät nach Weltzien

Heft 86:
Prof. Dr.-Ing. H. Opitz, Aachen
Untersuchungen über das Fräsen von Baustahl sowie über den Einfluß des Gefüges auf die Zerspanbarkeit

Heft 87:
Gemeinschaftsausschuß Verzinken, Düsseldorf
Untersuchungen über Güte von Verzinkungen

Heft 88:
Gesellschaft für Kohlentechnik mbH., Dortmund-Eving
Oxydation von Steinkohle mit Salpetersäure

Heft 89:
Verein Deutscher Ingenieure, Gleitlagerforschung, Düsseldorf und Prof. Dr.-Ing. G. Vogelpohl, Göttingen
Versuche mit Preßstoff-Lagern für Walzwerke

Heft 90:
Forschungs-Institut der Feuerfest-Industrie, Bonn
Das Verhalten von Silikasteinen im Siemens-Martin-Ofengewölbe

Heft 91:
Forschungs-Institut der Feuerfest-Industrie, Bonn
Untersuchungen des Zusammenhangs zwischen Leistung und Kohlenverbrauch von Kammeröfen zum Brennen von feuerfesten Materialien

Heft 92:
Techn.-Wissenschaftl. Büro für die Bastfaserindustrie, Bielefeld und Laboratorium für textile Meßtechnik, M.-Gladbach
Messungen von Vorgängen am Webstuhl

Heft 93:
Prof. Dr. W. Kast, Krefeld
Spinnversuche zur Strukturerfassung künstlicher Zellulosefasern

Heft 94:
Prof. Dr. G. Winter, Bonn
Die Heilpflanzen des MATTHIOLUS (1611) gegen Infektionen der Harnwege und Verunreinigung der Wunden bzw. zur Förderung der Wundheilung im Lichte der Antibiotikaforschung

Heft 95:
Prof. Dr. G. Winter, Bonn
Untersuchungen über die flüchtigen Antibiotika aus der Kapuziner- (Tropaeolum maius) und Gartenkresse (Lepidium sativum) und ihr Verhalten im menschlichen Körper bei Aufnahme von Kapuziner- bzw. Gartenkressensalat per os

Heft 96:
Dr.-Ing. P. Koch, Dortmund
Austritt von Exoelektronen aus Metalloberflächen unter Berücksichtigung der Verwendung des Effektes für die Materialprüfung

Heft 97:
Ing. H. Stein, Laboratorium für textile Meßtechnik, M.-Gladbach
Untersuchung der Verzugsvorgänge an den Streckwerken verschiedener Spinnereimaschinen
2. Bericht: Ermittlung der Haft-Gleiteigenschaften von Faserbändern und Vorgarnen

Heft 98:
Fachverband Gesenkschmieden, Hagen
Die Arbeitsgenauigkeit beim Gesenkschmieden unter Hämmern

Heft 99:
Prof. Dr.-Ing. G. Garbotz, Aachen
Der Kraft- und Arbeitsaufwand sowie die Leistungen beim Biegen von Bewehrungsstählen in Abhängigkeit von den Abmessungen, den Formen und der Güte der Stähle (Ermittlung von Leistungsrichtlinien)

Heft 100:
Prof. Dr.-Ing. H. Opitz, Aachen
Untersuchungen von elektrischen Antrieben, Steuerungen und Regelungen an Werkzeugmaschinen

Heft 101:
Prof. Dr.-Ing. H. Opitz, Aachen
Wirtschaftlichkeitsbetrachtungen beim Außenrundschleifen

Heft 102:
Dr. P. Hölemann, Ing. R. Hasselmann und Ing. G. Dix, Dortmund
Untersuchungen über die thermische Zündung von explosiblen Acetylenzersetzungen in Kapillaren

Heft 103:
Prof. Dr. W. Weizel, Bonn
Durchführung von experimentellen Untersuchungen über den zeitlichen Ablauf von Funken in komprimierten Edelgasen sowie zu deren mathematischen Berechnung

Heft 104:
Prof. Dr. W. Weizel, Bonn
Über den Einfluß der Elektroden auf die Eigenschaften von Cadmium-Sulfid-Widerstands-Photozellen

Heft 105:
Dr.-Ing. R. Meldau, Harsewinkel/Westf.
Auswertung von Gekörn — Analysen des Musterstaubes „Flugasche Fortuna I"

Heft 106:
ORR. Dr.-Ing. W. Küch, Dortmund
Untersuchungen über die Einwirkung von feuchtigkeitsgesättigter Luft auf die Festigkeit von Leimverbindungen

Heft 107:
Prof. Dr. H. Lange und Dipl.-Phys. P. St. Pütter, Köln
Über die Konstruktion von Laboratoriumsmagneten

Heft 108:
Prof. Dr. W. Fuchs, Aachen
Untersuchungen über neue Beizmethoden und Beizabwässer
I. Die Entzunderung von Drähten mit Natriumhydrid
II. Die Aufbereitung von Beizabwässern

Heft 109:
Dr. P. Hölemann und Ing. R. Hasselmann, Dortmund
Untersuchungen über die Löslichkeit von Azetylen in verschiedenen organischen Lösungsmitteln

Heft 110:
Dr. P. Hölemann und Ing. R. Hasselmann, Dortmund
Untersuchungen über den Druckverlauf bei der explosiblen Zersetzung von gasförmigem Azetylen

Heft 111:
Fachverband Steinzeugindustrie, Köln
Die Entwicklung eines Gerätes zur Beschickung seitlicher Feuer von Steinzeug-Einzelkammeröfen mit festen Brennstoffen

Heft 112:
Prof. Dr.-Ing. H. Opitz, Aachen
Verschleißmessungen beim Drehen mit aktivierten Hartmetallwerkzeugen

Heft 113:
Prof. Dr. O. Graf, Dortmund
Erforschung der geistigen Ermüdung und nervösen Belastung: Studien über die vegetative 24-Stunden-Rhythmik in Ruhe und unter Belastung

Heft 114:
Prof. Dr. O. Graf, Dortmund
Studien über Fließarbeitsprobleme an einer praxisnahen Experimentieranlage

Heft 115:
Prof. Dr. O. Graf, Dortmund
Studium über Arbeitspausen in Betrieben bei freier und zeitgebundener Arbeit (Fließarbeit) und ihre Auswirkung auf die Leistungsfähigkeit

Heft 116:
Prof. Dr.-Ing. E. Siebel und Dr.-Ing. H. Weiss, Stuttgart
Untersuchungen an einigen Problemen des Tiefziehens — I. Teil

Heft 117:
Dr.-Ing. H. Beißwänger, Stuttgart, und Dr.-Ing. S. Schwandt, Trier
Untersuchungen an einigen Problemen des Tiefziehens — II. Teil

Heft 118:
Prof. Dr. E. A. Müller und Dr. H. G. Wenzel, Dortmund
Neuartige Klima-Anlage zur Erzeugung ungleicher Luft- und Strahlungstemperaturen in einem Versuchsraum

Heft 119:
Dr.-Ing. O. Viertel, Krefeld
Wäscherei- und energietechnische Untersuchung einer Gemeinschafts-Waschanlage

Heft 120:
Dipl.-Ing. Weisbecker, Lüdenscheid
Über Anfressung an Reinstaluminium-Schweißnähten bei der elektrolytischen Oxydation
Gebr. Hörstermann GmbH., Velbert
Entwicklung und Erprobung eines neuartigen Gummibandförderers

Heft 121:
Dr. H. Krebs, Bonn
I. Die Struktur und die Eigenschaften der Halbmetalle
II. Die Bestimmung der Atomverteilung in amorphen Substanzen
III. Die chemische Bindung in anorganischen Festkörpern und das Entstehen metallischer Eigenschaften

Heft 122:
Prof. Dr. W. Fuchs, Aachen
Untersuchungen zur Verbesserung der Wasseraufbereitung und Wasseranalyse:
Über die Schnellbewertung von Ionenaustauscher

Heft 123:
Dipl.-Ing. J. Emondts, Aachen
Über Bodenverformungen bei stark gestörtem und mächtigem, wasserführendem Deckgebirge im Aachener Steinkohlengebiet

Heft 124:
Prof. Dr. R. Seÿffert, Köln
Wege und Kosten der Distribution der Hausratwaren im Lande Nordrhein-Westfalen

Heft 125:
Prof. Dr. E. Kappler, Münster
Eine neue Methode zur Bestimmung von Kondensations-Koeffizienten von Wasser

Heft 126:
Prof. Dr.-Ing. J. Mathieu, Aachen
Arbeitszeitvergleich
Grundlagen, Methodik und praktische Durchführung

Heft 127:
Güteschutz Betonstein e. V.,
Arbeitskreis Nordrhein-Westfalen, Dortmund
Die Betonwaren-Gütesicherung im Lande Nordrhein-Westfalen

Heft 128:
Prof. Dr. O. Schmitz-DuMont, Bonn
Untersuchungen über Reaktionen in flüssigem Ammoniak

Heft 129:
Prof. Dr.-Ing. J. Mathieu und Dr. C. A. Roos, Aachen
Die Anlernung von Industriearbeitern
I. Ergebnisse einer grundsätzlichen Untersuchung der gegenwärtigen Industriearbeiter-Kurzanlernung

Heft 130:
Prof.-Dr.-Ing. J. Mathieu und Dr. C. A. Roos, Aachen
Die Anlernung von Industriearbeitern
II. Beiträge zur Methodenfrage der Kurzanlernung

Heft 131:
Dr. W. Hoerburger, Köln
Versuche zur Biosynthese von Eiweiß aus Kohlenwasserstoff

Heft 132:
Prof. Dr. W. Seith, Münster
Über Diffusionserscheinungen in festen Metallen

Heft 133:
Prof. Dr. E. Jenckel, Aachen
Über einen für Schwermetalle selektiven Ionenaustauscher

Heft 134:
Prof. Dr.-Ing. H. Winterhager, Aachen
Über die elektrochemischen Grundlagen der Schmelzfluß-Elektrolyse von Bleisulfid in geschmolzenen Mischungen mit Bleichlorid

Heft 135:
Prof. Dr.-Ing. K. Krekeler und Dr.-Ing. H. Peukert, Aachen
Die Änderung der mechanischen Eigenschaften thermoplastischer Kunststoffe durch Warmrecken

Heft 136:
Dipl.-Phys. P. Pilz, Remscheid
Über spezielle Probleme der Zerkleinerungstechnik von Weichstoffen

Heft 137:
Prof. Dr. W. Baumeister, Münster
Beiträge zur Mineralstoffernährung der Pflanzen

Heft 138:
Dr. P. Hölemann und Ing. R. Hasselmann, Dortmund
Untersuchungen über die Zersetzungswärme von gasförmigem und in Azeton gelöstem Azetylen

Heft 139:
Prof. Dr. W. Fuchs, Aachen
Studien über die thermische Zersetzung der Kohle und die Kohlendestillatprodukte

Heft 140:
Dr.-Ing. G. Hausberg, Essen
Modellversuche an Zyklonen

Heft 141:
Dr. J. van Calker und Dr. R. Wienecke, Münster
Untersuchungen über den Einfluß dritter Analysenpartner auf die spektrochemische Analyse

Heft 142:
Dipl.-Ing. G. M. F. Wiebel, Hannover, A. Konermann und A. Ottenheym, Sennelager
Entwicklung eines Kalksandleichtsteines

Heft 143:
Prof. Dr. F. Wever, Dr. A. Rose und Dipl.-Ing. W. Straßburg, Düsseldorf
Härtbarkeit und Umwandlungsverhalten der Stähle

Heft 144:
Prof. Dr. H. Wurmbach, Bonn
Steuerung von Wachstum und Formbildung

Heft 145:
Dr. G. Hennemann, Werdohl (Westf.)
Beitrag zur Interpretation der modernen Atomphysik

Heft 146:
Dr.-Ing. F. Gruß, Düsseldorf
Sterilisation mit Heißluft

Heft 147:
Dr.-Ing. W. Rudisch, Unna
Untersuchung einer drehelastischen Elektromagnet-Synchronkupplung

Heft 148:
Prof. Dr. H. Bittel und Dipl.-Phys. L. Storm, Münster
Untersuchungen über Widerstandsrauschen

Heft 149:
Dipl.-Ing. K. Konopicky und Dipl.-Chem. P. Kampa, Bonn
I. Beitrag zur flammenphotometrischen Bestimmung des Calciums
Dr.-Ing. K. Konopicky, Bonn
II. Die Wanderung von Schlackenbestandteilen in feuerfesten Baustoffen

Heft 150:
Prof. Dr.-Ing. O. Kienzle und Dipl.-Ing. W. Timmerbeil, Hannover
Das Durchziehen enger Kragen an ebenen Fein- und Mittelblechen

Heft 151:
Dipl.-Ing. P. Karabasch, Aachen
Feststellung des optimalen Gasgehaltes von Bronzen zur Erzielung druckdichter Gußstücke

Heft 152:
Dipl.-Ing. G. Müller, Köln
Ermittlung der Laufeigenschaften (Vergießbarkeit) von Bronze und Rotguß mittels der Schneider-Gießspirale

Heft 153:
Prof. Dr. F. Wever, Dr.-Ing. W. A. Fischer und Dipl.-Ing. J. Engelbrecht, Düsseldorf
I. Die Reduktion sauerstoffhaltiger Eisenschmelzen im Hochvakuum mit Wasserstoff und Kohlenstoff
II. Einfluß geringer Sauerstoffgehalte auf das Gefüge und Alterungsverhalten von Reineisen

Heft 154:
Prof. Dr.-Ing. P. Bardenheuer und Dr.-Ing. W. A. Fischer, Düsseldorf
Die Verschlackung von Titan aus Stahlschmelzen im sauren und basischen Hochfrequenzofen unter verschiedenen Schlacken

Heft 155:
Dipl.-Phys. K. H. Schirmer, München
Die auf Grau abgestimmte Farbwiedergabe im Dreifarbenbuchdruck

Heft 156:
Prof. Dr.-Ing. B. von Borries und Mitarbeiter, Düsseldorf
Die Entwicklung regelbarer permanentmagnetischer Elektronenlinsen hoher Brechkraft und eines mit ihnen ausgerüsteten Elektronenmikroskopes neuer Bauart

Heft 157:
Dr. W. Jawtusch, Dr. G. Schuster und Prof. Dr.-Ing. R. Jaeckel, Bonn
Untersuchungen über die Stoßvorgänge zwischen neutralen Atomen und Molekülen

Heft 158:
Dipl.-Ing. W. Rosenkranz, Meinerzhagen
Ein Beitrag zum Problem der Spannungskorrosion bei Preßprofilen und Preßteilen aus Aluminium-Legierungen

Heft 159:
Dr.-Ing. O. Viertel und O. Oldenroth, Krefeld
Das Bleichen von Weißwäsche mit Wasserstoffsuperoxyd bzw. Natriumhypochlorit beim maschinellen Waschen

Heft 160:
Prof. Dr. W. Klemm, Münster
Über neue Sauerstoff- und Fluor-haltige Komplexe

Heft 161:
Prof. Dr. W. Weltzien und Dr. G. Hauschild, Krefeld
Über Silikone und ihre Anwendung in der Textilveredlung

Heft 162:
Prof. Dr. F. Wever, Prof. Dr. A. Knochendörfer und Dr.-Ing. Chr. Rohrbach, Düsseldorf
Kennzeichnung der Sprödbruchneigung von Stählen durch Messung der Fließspannung, Reißspannung und Brucheinschnürung an dreiachsig beanspruchten Proben

Heft 163:
Dipl.-Ing. W. Rohs und Text.-Ing. H. Griese, Bielefeld
Untersuchungsarbeiten zur Verbesserung des Leinenwebstuhles III

Heft 164:
Dr.-Ing. H. Schmachtenberg, Köln
Neuartige Prüfeinrichtungen für Kraftfahrzeuge

Heft 165:
Dr.-Ing. W. Wilhelm, Aachen
Instationäre Gasströmung im Auspuffsystem eines Zweitaktmotors

Heft 166:
Prof. Dr. M. von Stackelberg, Dr. H. Heindze, Dr. H. Hübschke und Dr. K. H. Frangen, Bonn
Kolloidchemische Untersuchungen

Heft 167:
Prof. Dr.-Ing. F. Schuster, Essen
I. Über die Heißkarburierung von Brenngasen mit Ölen und Teeren
II. Die Strahlungsvorgänge in brennstoffbeheizten Öfen bei verschiedenen Verbrennungsatmosphären

Heft 168:
Prof. Dr.-Ing. F. Schuster, Essen
I. Luftvorwärmung an Gasfeuerungen
II. Heizwerthöhe von Brenngasen und Wirkungsgrad sowie Gasverbrauch bei der Gasverwendung
III. Sauerstoffangereicherte Luft und feuerungstechnische Kenngrößen von Brenngasen

Heft 169:
Forschungsinstitut für Pigmente und Lacke, Stuttgart
Arbeiten über die Bestimmung des Gebrauchswertes von Lackfilmen durch physikalische Prüfungen

Heft 170:
Prof. Dr. F. Wever, Dr. A. Rose und Dipl.-Ing. L. Rademacher, Düsseldorf
Anwendung der Umwandlungsschaubilder auf Fragen der Werkstoffauswahl beim Schweißen und Flammhärten

Heft 171:
Wäschereiforschung, Krefeld
Untersuchung der Wäscheentwässerung mit Hilfe von Zentrifugen und Pressen

Heft 172:
Dipl.-Ing. W. Rohs, Dr.-Ing. G. Satlow und Text.-Ing. G. Heller, Bielefeld
Trocknung von Hanfgarnen. Kreuzspultrocknung

Heft 173:
Prof. Dr. W. Kast, Krefeld, Prof. Dr. R. Hosemann und Dipl.-Phys. G. Schoknecht, Berlin
Lichtoptische Herstellung und Diskussion der Faltungsquadrate parakristalliner Gitter

Heft 174:
Prof. Dr. W. von Fragstein, Dr. J. Meingast und H. Hoch, Köln
Herstellung von Solen einheitlicher Teilchengröße und Ermittlung ihrer optischen Eigenschaften

Heft 175:
Dr.-Ing. H. Zeller, Aachen
Beitrag zur eindimensionalen stationären und nichtstationären Gasströmung mit Reibung und Wärmeleitung insbesondere in Rohren mit unstetigen Querschnittsänderungen

Heft 176:
Dipl.-Ing. H. Schöberl, Duisburg
Über die Methoden zur Ermittlung der Verbrennungstemperatur von Brennstoffen und ein Vorschlag zu ihrer Verbesserung

Heft 177:
Dipl.-Ing. H. Stüdemann, Solingen, und Dr.-Ing. W. Müchler, Essen
Entwicklung eines Verfahrens zur zahlenmäßigen Bestimmung der Schneideigenschaften von Messerklingen

Heft 178:
Prof. Dr. M. von Stackelberg und Dr. W. Hans, Bonn
Untersuchungen zur Ausarbeitung und Verbesserung von polarographischen Analysenmethoden

Heft 179:
Dipl.-Ing. H. F. Reineke, Bochum
Entwicklungsarbeiten auf dem Gebiete der Meß- und Regeltechnik

Heft 180:
Dr.-Ing. W. Piepenburg, Dipl.-Ing. B. Bühling und Bauing. J. Behnke, Köln
Putzarbeiten im Hochbau und Versuche mit aktiviertem Mörtel und mechanischem Mörtelauftrag

Heft 181:
Prof. Dr. W. Franz, Münster
Theorie der elektrischen Leitvorgänge in Halbleitern und isolierenden Festkörpern bei hohen elektrischen Feldern

Heft 182:
Dr.-Ing. P. Schenk und Dr. K. Osterloh, Düsseldorf
Katalytisch-thermische Spaltung von gasförmigen und flüssigen Kohlenwasserstoffen zur Spitzengaserzeugung

Heft 183:
Dr. W. Bornheim, Köln
Entwicklungsarbeiten an Flaschen- und Ampullen-Behandlungsmaschinen für die pharmazeutische Industrie

Heft 184:
Dr.-Ing. E. Printz, Kettwig
Vollhydraulische Parallel-Kupplung für Ackerschlepper

Heft 185:
Dipl.-Ing. W. Rohs und Text.-Ing. G. Heller, Bielefeld
Studien an einem neuzeitlichen Kreuzspultrockner für Bastfasergarne mit Wiederbefeuchtungszone

Heft 186:
Dr. E. Wedekind, Krefeld
Untersuchungen zur Arbeitsbestgestaltung bei der Fertigstellung von Oberhemden in gewerblichen Wäschereien

Heft 187:
Dipl.-Ing. F. Göttgens, Essen
Über die Eigenarten der Bimetall-, Thermo- und Flammenionisationssicherungsmethode in ihrer Anwendung auf Zündsicherungen

Heft 188:
W. Kinnebrock, Langenberg
Der Einfluß des Austausches gleicher Gaskochbrenner bzw. Gaskochbrennerteile auf den Wirkungsgrad und insbesondere auf den CO-Gehalt der Verbrennungsgase

Heft 189:
Fa. E. Leybold's Nachfolger, Köln
I. Ausgewählte Kapitel aus der Vakuumtechnik
II. Zum Verlust anorganisch-nichtflüchtiger Substanzen während der Gefriertrocknung

Heft 190:
Prof. Dr. A. Neuhaus, Prof. Dr. O. Schmitz-DuMont und Dipl.-Chem. H. Reckhard, Bonn
Zur Kenntnis der Alkalititanate

Heft 191:
Dr.-Ing. H. Söhngen, Darmstadt
Schwingungsverhalten eines Schaufelkranzes im Vakuum

Heft 192:
Dipl.-Phys. E. M. Schneider, München
Kohlebogenlampen für Aufnahme und Kopie

Heft 193:
Prof. Dr. O. Schmitz-DuMont, Bonn
Untersuchungen über neue Pigmentfarbstoffe

Heft 194:
Dr. K. Hecht, Köln
Entwicklung neuartiger physikalischer Unterrichtsgeräte

Heft 195:
Dr.-Ing. E. Rößger, Köln
Gedanken über einen neuen deutschen Luftverkehr

Heft 196:
Dipl.-Ing. W. Rohs und Text.-Ing. H. Griese, Bielefeld
Auswirkungen von Garnfehlern bei der Verarbeitung von Leinengarnen

Heft 197:
Dr. E. Wedekind, Krefeld
Untersuchungen zur Bestimmung der optimalen Arbeitsplatzgröße bei Mehrstuhlarbeit in der Weberei

Heft 198:
Prof. Dr. J. Weissinger, Karlsruhe
Zur Aerodynamik des Ringflügels. Die Druckverteilung dünner, fast drehsymmetrischer Flügel in Unterschallströmung

VERÖFFENTLICHUNGEN DER ARBEITSGEMEINSCHAFT FÜR FORSCHUNG DES LANDES NORDRHEIN-WESTFALEN

Naturwissenschaften

Heft 1:
Prof. Dr.-Ing. F. Seewald, Aachen
Neue Entwicklungen auf dem Gebiet der Antriebsmaschinen
Prof. Dr.-Ing. F. A. F. Schmidt, Aachen
Technischer Stand und Zukunftsaussichten der Verbrennungsmaschinen, insbesondere der Gasturbinen
Dr.-Ing. R. Friedrich, Mülheim (Ruhr)
Möglichkeiten und Voraussetzungen der industriellen Verwertung der Gasturbine

Heft 2:
Prof. Dr.-Ing. W. Riezler, Bonn
Probleme der Kernphysik
Prof. Dr. Micheel, Münster
Isotope als Forschungsmittel in der Chemie und Biochemie

Heft 3:
Prof. Dr. E. Lehnartz, Münster
Der Chemismus der Muskelmaschine
Prof. Dr. G. Lehmann, Dortmund
Physiologische Forschung als Voraussetzung der Bestgestaltung der menschlichen Arbeit
Prof. Dr. H. Kraut, Dortmund
Ernährung und Leistungsfähigkeit

Heft 4:
Prof. Dr. F. Wever, Düsseldorf
Aufgaben der Eisenforschung
Prof. Dr.-Ing. H. Schenck, Aachen
Entwicklungslinien des deutschen Eisenhüttenwesens
Prof. Dr.-Ing. M. Haas, Aachen
Wirtschaftliche Bedeutung der Leichtmetalle und ihre Entwicklungsmöglichkeiten

Heft 5:
Prof. Dr. W. Kikuth, Düsseldorf
Virusforschung
Prof. Dr. R. Danneel, Bonn
Fortschritte der Krebsforschung
Prof. Dr. W. Schulemann, Bonn
Wirtschaftliche und organisatorische Gesichtspunkte für die Verbesserung unserer Hochschulforschung

Heft 6:
Prof. Dr. W. Weizel, Bonn
Die gegenwärtige Situation der Grundlagenforschung in der Physik
Prof. Dr. S. Strugger, Münster
Das Duplikantenproblem in der Biologie
Direktor Dr. F. Gummert, Essen
Überlegungen zu den Faktoren Raum und Zeit im biologischen Geschehen und Möglichkeiten einer Nutzanwendung

Heft 7:
Prof. Dr.-Ing. A. Götte, Aachen
Steinkohle als Rohstoff und Energiequelle
Prof. Dr. Dr. E. h. K. Ziegler, Mülheim/Ruhr
Über Arbeiten des Max-Planck-Institutes für Kohlenforschung

Heft 8:
Prof. Dr.-Ing. W. Fucks, Aachen
Die Naturwissenschaft, die Technik und der Mensch
Prof. Dr. W. Hoffmann, Münster
Wirtschaftliche und soziologische Probleme des technischen Fortschritts

Heft 9:.
Prof. Dr.-Ing. F. Bollenrath, Aachen
Zur Entwicklung warmfester Werkstoffe
Prof. Dr. H. Kaiser, Dortmund
Stand spektralanalytischer Prüfverfahren und Folgerung für deutsche Verhältnisse

Heft 10:
Prof. Dr. H. Braun, Bonn
Möglichkeiten und Grenzen der Resistenzzüchtung
Prof. Dr.-Ing. C. H. Dencker, Bonn
Der Weg der Landwirtschaft von der Energieautarkie zur Fremdenergie

Heft 11:
Prof. Dr.-Ing. H. Opitz, Aachen
Entwicklungslinien der Fertigungstechnik in der Metallbearbeitung
Prof. Dr.-Ing. K. Krekeler, Aachen
Stand und Aussichten der schweißtechnischen Fertigungsverfahren

Heft 12:
Dr. H. Rathert, Wuppertal-Elberfeld
Entwicklung auf dem Gebiet der Chemiefaser-Herstellung
Prof. Dr. W. Weltzien, Krefeld
Rohstoff und Veredlung in der Textilwirtschaft

Heft 13:
Dr.-Ing. E. h. K. Herz, Frankfurt a. M.
Die technischen Entwicklungstendenzen im elektrischen Nachrichtenwesen
Staatssekretär Prof. L. Brandt, Düsseldorf
Navigation und Luftsicherung

Heft 14:
Prof. Dr. B. Helferich, Bonn
Stand der Enzymchemie und ihre Bedeutung
Prof. Dr. H. W. Knipping, Köln
Ausschnitt aus der klinischen Carcinomforschung am Beispiel des Lungenkrebses

Heft 15:
Prof. Dr. A. Esau, Aachen
Ortung mit elektrischen und Ultraschallwellen in Technik und Natur
Prof. Dr.-Ing. E. Flegler, Aachen
Die ferromagnetischen Werkstoffe der Elektrotechnik und ihre neueste Entwicklung

Heft 16:
Prof. Dr. R. Seyffert, Köln
Die Problematik der Distribution
Prof. Dr. Theodor Beste, Köln
Der Leistungslohn

Heft 17:
Prof. Dr.-Ing. Seewald, Aachen
Luftfahrtforschung in Deutschland und ihre Bedeutung für die allgemeine Technik
Prof. Dr.-Ing. E. Houdremont, Essen
Art und Organisation der Forschung in einem Industrieforschungsinstitut der Eisenindustrie

Heft 18:
Prof. Dr. W. Schulemann, Bonn
Theorie und Praxis pharmakologischer Forschung
Prof. Dr. W. Groth, Bonn
Technische Verfahren zur Isotopentrennung

Heft 19:
Dipl.-Ing. K. Traenckner, Essen
Entwicklungstendenzen der Gaserzeugung

Heft 20:
M. Zvegintzow, London
Wissenschaftliche Forschung und die Auswertung ihrer Ergebnisse
Ziel u. Tätigkeit der National Research Development Corporation
Dr. A. King, London
Wissenschaft und internationale Beziehungen

Heft 21:
Prof. Dr. R. Schwarz, Aachen
Wesen und Bedeutung der Silicium-Chemie
Prof. Dr. Dr. h. c. K. Alder, Köln
Fortschritte in der Synthese von Kohlenstoffverbindungen

Heft 21 a
Prof. Dr. Dr. h. c. O. Hahn, Göttingen
Die Bedeutung der Grundlagenforschung für die Wirtschaft
Prof. Dr. S. Strugger, Münster
Die Erforschung des Wasser- und Nährsalztransportes im Pflanzenkörper mit Hilfe der fluoreszenzmikroskopischen Kinematographie

Heft 22:
Prof. Dr. J. von Allesch, Göttingen
Die Bedeutung der Psychologie im öffentlichen Leben
Prof. Dr. O. Graf, Dortmund
Triebfedern menschlicher Leistung

Heft 23:
Prof. Dr. Dr. h. c. B. Kuske, Köln
Zur Problematik der wirtschaftswissenschaftlichen Raumforschung
Prof. Dr. Dr.-Ing. E. h. St. Prager, Düsseldorf
Städtebau und Landesplanung

Heft 24:
Prof. Dr. R. Danneel, Bonn
Über die Wirkungsweise der Erbfaktoren
Prof. Dr. K. Herzog, Krefeld
Bewegungsbedarf der menschlichen Gliedmaßengelenke bei der Berufsarbeit

Heft 25:
Prof. Dr. O. Haxel, Heidelberg
Energiegewinnung aus Kernprozessen
Dr.-Ing. Dr. M. Wolf, Düsseldorf
Gegenwartsprobleme der energiewirtschaftlichen Forschung

Heft 26:
Prof. Dr. F. Becker, Bonn
Ultrakurzwellenstrahlung aus dem Weltraum
Dr. H. Straßl, Bonn
Bemerkenswerte Doppelsterne und das Problem der Sternentwicklung

Heft 27:
Prof. Dr. H. Behnke, Münster
Der Strukturwandel der Mathematik in der ersten Hälfte des 20. Jahrhunderts
Prof. Dr. E. Sperner, Hamburg
Eine mathematische Analyse der Luftdruckverteilung in großen Gebieten

Heft 28:
Prof. Dr. O. Niemczyk, Aachen
Die Problematik gebirgsmechanischer Vorgänge im Steinkohlenbergbau
Prof. Dr. W. Ahrens, Krefeld
Die Bedeutung geologischer Forschung für die Wirtschaft besonders in Nordrhein-Westfalen

Heft 29:
Prof. Dr. B. Rensch, Münster
Das Problem der Residuen bei Lernleistungen
Prof. Dr. H. Fink, Köln
Über Leberschäden bei der Bestimmung des biologischen Wertes verschiedener Eiweiße von Mikroorganismen

Heft 30:
Prof. Dr.-Ing. F. Seewald, Aachen
Forschungen auf dem Gebiete der Aerodynamik
Prof. Dr.-Ing. K. Leist, Aachen
Forschungen in der Gasturbinentechnik

Heft 31:
Prof. Dr.-Ing. Dr. h. c. F. Mietzsch, Wuppertal
Chemie und wirtschaftliche Bedeutung der Sulfonamide
Prof. Dr. Dr. h. c. G. Domagk, Wuppertal
Die experimentellen Grundlagen der bakteriellen Infektionen

Heft 32:
Prof. Dr. H. Braun, Bonn
Die Verschleppung von Pflanzenkrankheiten und -schädlingen über die Welt
Prof. Dr. W. Rudorf, Voldagsen
Der Beitrag von Genetik und Züchtung zur Bekämpfung von Viruskrankheiten der Nutzpflanzen

Heft 33:
Prof. Dr.-Ing. V. Aschoff, Aachen
Probleme der elektroakustischen Einkanalübertragung
Prof. Dr.-Ing. H. Döring, Aachen
Erzeugung und Verstärkung von Mikrowellen

Heft 34:
Geheimrat Prof. Dr. Dr. R. Schenck, Aachen
Bedingungen und Gang der Kohlenhydratsynthese im Licht
Prof. Dr. E. Lehnartz, Münster
Die Endstufen des Stoffabbaues im Organismus

Heft 35:
Prof. Dr.-Ing. H. Schenck, Aachen
Gegenwartsprobleme der Eisenindustrie in Deutschland
Prof. Dr.-Ing. Piwowarsky †, Aachen
Gelöste und ungelöste Probleme im Gießereiwesen

Heft 36:
Prof. Dr. W. Riezler, Bonn
Teilchenbeschleuniger
Prof. Dr. G. Schubert, Hamburg
Anwendung neuer Strahlenquellen in der Krebstherapie

Heft 37:
Prof. Dr. F. Lotze, Münster
Probleme der Gebirgsbildung
Bergwerksdirektor Bergassessor a. D. Rauschenbach, Essen
Die Erhaltung der Förderungskapazität des Ruhrbergbaues auf lange Sicht

Heft 38:
Dr. E. C. Cherry, London
Kybernetik
Prof. Dr. E. Pietsch, Clausthal-Zellerfeld
Dokumentation und mechanisches Gedächtnis — zur Frage der Ökonomie der geistigen Arbeit

Heft 39:
Dr. H. Haase, Hamburg
Infrarot und seine technischen Anwendungen
Prof. Dr. A. Esau, Aachen
Die Bedeutung des Ultraschalls für technische Anwendungsgebiete

Heft 40:
Bergassessor F. Lange, Bochum-Hordel
Die wirtschaftliche und soziale Bedeutung der Silikose im Bergbau
Prof. Dr. W. Kikuth, Düsseldorf
Die Entstehung der Silikose und ihre Verhütungsmaßnahmen

Heft 40 a:
Prof. Dr. E. Gross, Bonn
Berufskrebs und Krebsforschung
Prof. Dr. H. W. Knipping, Köln
Die Situation der Krebsforschung vom Standpunkt der Klinik

Heft 41:
Dr.-Ing. G. V. Lachmann, Teddington
An einer neuen Entwicklungsschwelle im Flugzeugbau
Dr. A. Gerber, Zürich
Stand der Entwicklung der Raketen- und Lenktechnik

Heft 42:
Prof. Dr. T. Kraus, Köln
Lokalisationsphänomene und Raumordnung vom Standpunkt der geographischen Wissenschaft
Direktor Dr. F. Gummert, Essen
Vom Ernährungsversuchsfeld der Kohlenstoffbiologischen Forschungsstation Essen (Ein 6 Jahre lang durchgeführter Versuch, einen Menschen aus dem Ertrag von 1250 qm zu ernähren)

Heft 42 a:
Prof. Dr. Dr. h. c. G. Domagk, Wuppertal
Fortschritte auf dem Gebiet der experimentellen Krebsforschung

Heft 43:
Prof. G. Lampariello, Rom
Über Leben und Werk von Heinrich Hertz
Prof. Dr. W. Weizel, Bonn
Über das Problem der Kausalität in der Physik

Heft 43 a:
Prof. Dr. J. Mª Albareda, Madrid
Die Entwicklung der Forschung in Spanien

Heft 44:
Prof. Dr. B. Helferich, Bonn
Über Glykose
Prof. Dr. F. Micheel, Münster
Kohlenhydrat-Eiweiß-Verbindungen und ihre bio-chemische Bedeutung

Heft 45:
Prof. Dr. J. von Neumann, Princeton/USA
Entwicklung und Ausnutzung neuerer mathematischer Maschinen
Prof. Dr. E. Stiefel, Zürich
Rechenautomaten im Dienste der Technik mit Beispielen aus dem Züricher Institut für angewandte Mathematik

Heft 46:
Prof. Dr. W. Weltzien, Krefeld
Ausblick auf die Entwicklung synthetischer Fasern
Prof. Dr. W. Hoffmann, Münster
Wachstumsformen der Industriewirtschaft

Heft 47:
Staatssekretär Prof. L. Brandt, Düsseldorf
Die praktische Förderung der Forschung in Nordrhein-Westfalen
Prof. Dr. L. Raiser, Bad Godesberg
Die Förderung der angewandten Forschung durch die Deutsche Forschungsgemeinschaft

Heft 48:
Dr. H. Tromp, Rom
Bestandsaufnahme der Wälder der Welt als internationale und wissenschaftliche Aufgabe
Prof. Dr. F. Heske, Schloß Reinbek
Die Wohlfahrtswirkungen des Waldes als internationales Problem

Heft 49:
Präsident Dr. G. Böhnecke, Hamburg
Zeitfragen der Ozeanographie
Reg.-Direktor Dr. H. Gabler, Hamburg
Nautische Technik und Schiffssicherheit

Heft 50:
Prof. Dr.-Ing. F. A. F. Schmidt, Aachen
Probleme der Selbstentzündung und Verbrennung bei der Entwicklung der Hochleistungskraftmaschinen
Prof. Dr.-Ing. A. W. Quick, Aachen
Ein Verfahren zur Untersuchung des Austauschvorganges in verwirbelten Strömungen hinter Körpern mit abgelöster Strömung

Heft 51:
Prof. Dr. S. Strugger, Münster
Struktur, Entwicklungsgeschichte und Physiologie der Chloroplasten
Direktor Dr. J. Pätzold, Erlangen
Therapeutische Anwendung mechanischer und elektrischer Energie

VERÖFFENTLICHUNGEN DER ARBEITSGEMEINSCHAFT FÜR FORSCHUNG DES LANDES NORDRHEIN-WESTFALEN

Geisteswissenschaften

Heft 1:
Prof. Dr. W. Richter, Bonn
Die Bedeutung der Geisteswissenschaften für die Bildung unserer Zeit
Prof. Dr. J. Ritter, Münster
Die aristotelische Lehre vom Ursprung und Sinn der Theorie

Heft 2:
Prof. Dr. J. Kroll, Köln
Elysium
Prof. Dr. G. Jachmann, Köln
Die vierte Ekloge Vergils

Heft 3:
Prof. Dr. H. Stier, Münster
Die klassische Demokratie

Heft 4:
Prof. Dr. W. Caskel, Köln
Lihyan und Lihyanisch, Sprache und Kultur eines früharabischen Königreiches

Heft 5:
Prof. Dr. T. Ohm, Münster
Stammesreligionen im südlichen Tanganyika-Territorium

Heft 6:
Prälat Prof. Dr. Dr. h. c. G. Schreiber, Münster
Deutsche Wissenschaftspolitik von Bismarck bis zum Atomwissenschaftler Otto Hahn

Heft 7:
Prof. Dr. W. Holtzmann, Bonn
Das mittelalterliche Imperium und die werdenden Nationen

Heft 8:
Prof. Dr. W. Caskel, Köln
Die Bedeutung der Beduinen in der Geschichte der Araber

Heft 9:
Prälat Prof. Dr. Dr. h. c. G. Schreiber, Münster
Iroschottische Motive im abendländischen Sakralraum

Heft 10:
Prof. Dr. P. Rassow
Forschungen zur Reichsidee im 16. und 17. Jahrhundert

Heft 11:
Prof. Dr. H. E. Stier, Münster
Roms Aufstieg zur Weltherrschaft

Heft 12:
Prof. D. K. Rengstorf, Münster
Mann und Frau im Urchristentum
Prof. Dr. H. Conrad, Bonn
Grundprobleme einer Reform des Familienrechts

Heft 13:
Prof. Dr. M. Braubach, Bonn
Der Weg zum 20. Juli 1944 — Ein Forschungsbericht

Heft 14:
Prof. Dr. P. Hübinger, Münster
Das deutsch-französische Verhältnis und seine mittelalterlichen Grundlagen

Heft 15:
Prof. Dr. F. Steinbach, Bonn
Der geschichtliche Weg des wirtschaftenden Menschen in die soziale Freiheit und politische Verantwortung

Heft 16:
Prof. Dr. J. Koch, Köln
Die Ars coniecturalis des Nikolaus von Cues

Heft 17:
Prof. Dr. J. Conant, US-Hochkommissar für Deutschland
Staatsbürger und Wissenschaftler
Prof. D. K. H. Rengstorf, Münster
Antike und Christentum

Heft 18:
Prof. Dr. R. Alewyn, Köln
Klopstocks Publikum

Heft 19:
Prof. Dr. F. Schalk, Köln
Das Lächerliche in der französischen Literatur des Ancien Régime

Heft 20:
Prof. Dr. L. Raiser, Bad Godesberg
Rechtsfragen der Mitbestimmung

Heft 21:
Prof. D. M. Noth, Bonn
Das Geschichtsverständnis der alttestamentlichen Apokalyptik

Heft 22:
Prof. Dr. W. F. Schirmer, Bonn
Glück und Ende des Königs in Shakespeares Historien

Heft 23:
Prof. Dr. G. Jachmann, Köln
Der homerische Schiffskatalog und die Ilias

Heft 24:
Prof. Dr. T. Klauser, Bonn
Die römischen Petrustraditionen im Lichte der neuen Ausgrabungen unter der Peterskirche

Heft 25:
Prof. Dr. H. Peters, Köln
Die Gewaltentrennung in moderner Sicht

Heft 26:
Prof. Dr. F. Schalk, Köln
Calderon und die Mythologie

Heft 27:
Prof. Dr. J. Kroll, Köln
Vom Leben geflügelter Worte

Heft 28:
Prof. Dr. T. Ohm, Münster
Die Religionen in Asien

Heft 29:
Prof. Dr. L. Weisgerber, Bonn
Die Ordnung der Sprache im persönlichen und öffentlichen Leben

Heft 30:
Prof. Dr. W. Caskel, Köln
Entdeckungen in Arabien

Heft 31:
Prof. Dr. M. Braubach, Bonn
Entstehung und Entwicklung der landesgeschichtlichen Bestrebungen und historischen Vereine im Rheinland

Heft 32:
Prof. Dr. F. Schalk, Köln
Somnium und verwandte Wörter in den romanischen Sprachen

Heft 33:
Prof. Dr. F. Dessauer, Frankfurt a. M.
Erbe und Zukunft des Abendlandes

Heft 34:
Prof. Dr. T. Ohm, Münster
Ruhe und Frömmigkeit

Heft 35:
Prof. Dr. H. Conrad, Bonn
Die mittelalterliche Besiedlung des deutschen Ostens und das deutsche Recht

Heft 36:
Prof. Dr. H. Sckommodau, Köln
Die religiösen Dichtungen Margaretes von Navarra

Heft 37:
Prof. Dr. H. von Einem, Bonn
Der Kopf mit der Binde des Meisters von Naumburg

Heft 38:
Prof. Dr. J. Höffner, Münster
Statik und Dynamik in der scholastischen Wirtschaftsethik

Heft 39:
Prof. Dr. F. Schalk, Köln
Diderots Essai über Claudius und Nero

Heft 40:
Prof. Dr. G. Kegel, Köln
Probleme des internationalen Enteignungs- und Währungsrechts

Heft 41:
Prof. Dr. L. Weisgerber, Bonn
Die Grenzen der Schrift

Heft 42:
Prof. Dr. R. Alewyn, Köln
Von der Empfindsamkeit zur Romantik

Heft 43:
Prof. Dr. T. Schieder, Köln
Die Probleme des Rapallo-Vertrages 1922

Heft 44:
Prof. Dr. A. Rumpf, Köln
Stilphasen der spätantiken Kunst

If you have any concerns about our products,
you can contact us on
ProductSafety@springernature.com

In case Publisher is established outside the EU,
the EU authorized representative is:
**Springer Nature Customer Service Center GmbH
Europaplatz 3, 69115 Heidelberg, Germany**

Printed by Libri Plureos GmbH
in Hamburg, Germany